6年生 達成表 計算マスターへの道!

ドリルが終わったら，番号のところに日付と点数を書いて，グラフをかこう。
80点を超えたら合格だ！まとめのページは全問正解で合格だよ！

	日付	点数	50点	合格ライン 80点	100点	合格チェック
例	4/2	90				○
1						
2						
3						
4						
5						
6						
7						
8						
9			全問正解で合格！			
10						
11						
12						
13						
14						
15						
16						
17						
18						
19						
20						
21						
22						
23						
24						
25						
26			全問正解で合格！			
27						
28						
29						
30						
31			全問正解で合格！			
32						
33						
34						
35						
36						
37						
38						
39						
40						
41						
42						
43						
44						
45						
46						

	日付	点数	50点	合格ライン 80点	100点	合格チェック
47						
48						
49						
50						
51						
52						
53						
54			全問正解で合格！			
55						
56						
57						
58						
59						
60						
61						
62						
63						
64						
65						
66						
67						
68						
69						
70						
71						
72						
73						
74						
75						
76						
77			全問正解で合格！			
78						
79						
80						
81						
82						
83						
84						
85						
86						
87						
88						
89						
90						
91						
92						
93			全問正解で合格！			

この表がうまったら，合格の数をかぞえて右に書こう。

- 80〜93個 ⇒ りっぱな計算マスターだ！
- 50〜79個 ⇒ もう少し！計算マスター見習いレベルだ！
- 0〜49個 ⇒ がんばろう！計算マスターへの道は1日にしてならずだ！

合格の数

こ

このドリルの特長と使い方

このドリルは,「苦手をつくらない」ことを目的としたドリルです。単元ごとに「計算のしくみを理解するページ」と「くりかえし練習するページ」をもうけて,段階的に計算のしかたを学ぶことができます。

① **理解**

計算のしくみを理解するためのページです。計算のしかたのヒントが載っていますので,これにそって計算のしかたを学習しましょう。

② **練習**

「理解」で学習したことを身につけるための練習ページです。「理解」で学習したことを思い出しながら計算していきましょう。

いっしょに使おう！

小学計算問題の正しい解き方

③ **ニガテ**

間違えやすい計算は,別に単元を設けています。こちらも「理解」→「練習」と段階をふんでいますので,重点的に学習することができます。

④ **計算マスターへの道！**

ページが終わるごとに,巻頭の「計算マスターへの道」に学習した日と得点をつけましょう。

もくじ

分母がちがう分数のたし算①・・・・・・・・・・・・ 4	ニガテ 分数を分数でわる計算②・・・・・・・・・・・・ 61
ニガテ 分母がちがう分数のたし算②・・・・・・・・ 6	分数を分数でわる計算③・・・・・・・・・・・・・・・・ 64
分母がちがう分数のひき算①・・・・・・・・・・・・ 8	ニガテ 分数を分数でわる計算④・・・・・・・・・・・・ 67
ニガテ 分母がちがう分数のひき算②・・・・・・・・ 10	ニガテ 整数を分数でわる計算①・・・・・・・・・・・・ 70
★ 分母がちがう分数のたし算・ひき算のまとめ① ★ ・・ 12	ニガテ 整数を分数でわる計算②・・・・・・・・・・・・ 73
分母がちがう分数のたし算③・・・・・・・・・・・・ 13	ニガテ 整数を分数でわる計算③・・・・・・・・・・・・ 76
ニガテ 分母がちがう分数のたし算④・・・・・・・・ 15	ニガテ 整数を分数でわる計算④・・・・・・・・・・・・ 78
分母がちがう分数のたし算⑤・・・・・・・・・・・・ 17	★ 分数・整数を分数でわる計算のまとめ ★ ・・ 80
ニガテ 分母がちがう分数のたし算⑥・・・・・・・・ 19	ニガテ 3つの数の計算①・・・・・・・・・・・・・・・・ 81
分母がちがう分数のひき算③・・・・・・・・・・・・ 21	3つの数の計算②・・・・・・・・・・・・・・・・・・・・ 84
ニガテ 分母がちがう分数のひき算④・・・・・・・・ 23	ニガテ 3つの数の計算③・・・・・・・・・・・・・・・・ 86
分母がちがう分数のひき算⑤・・・・・・・・・・・・ 25	ニガテ 3つの数の計算④・・・・・・・・・・・・・・・・ 89
ニガテ 分母がちがう分数のひき算⑥・・・・・・・・ 27	ニガテ 分数と小数の混じった計算①・・・・・・・・ 92
★ 分母がちがう分数のたし算・ひき算のまとめ② ★ ・・ 29	ニガテ 分数と小数の混じった計算②・・・・・・・・ 94
分数に整数をかける計算・・・・・・・・・・・・・・・・ 30	★ いろいろな計算のまとめ ★ ・・・・・・・・・・・・ 96
分数を整数でわる計算・・・・・・・・・・・・・・・・ 32	
★ 分数に整数をかける・分数を整数でわる計算のまとめ ★ ・・ 34	
分数に分数をかける計算①・・・・・・・・・・・・・・ 35	
ニガテ 分数に分数をかける計算②・・・・・・・・・・ 38	
分数に分数をかける計算③・・・・・・・・・・・・・・ 41	
ニガテ 分数に分数をかける計算④・・・・・・・・・・ 44	
整数に分数をかける計算①・・・・・・・・・・・・・・ 47	
ニガテ 整数に分数をかける計算②・・・・・・・・・・ 50	
整数に分数をかける計算③・・・・・・・・・・・・・・ 53	
ニガテ 整数に分数をかける計算④・・・・・・・・・・ 55	
★ 分数・整数に分数をかける計算のまとめ ★ ・・ 57	
分数を分数でわる計算①・・・・・・・・・・・・・・・・ 58	

編集／大中菜々子　編集協力／㈱アイ・イー・オー　校正／下村良枝・山﨑真理　装丁デザイン／養父正一・松田英之（EYE-Some Design）
装丁イラスト／北田哲也　本文デザイン／ハイ制作室 若林千秋　本文イラスト／西村博子

1 分母がちがう分数のたし算 ①

▶▶▶ 答えは別冊 1 ページ

①，②：1問14点　③〜⑥：1問18点

点数　　　点

たし算をしましょう。

① $\dfrac{1}{3} + \dfrac{1}{4} = \dfrac{\square}{\square} + \dfrac{\square}{\square} = \dfrac{\square}{\square}$

3と4の最小公倍数を考えて通分する

② $\dfrac{2}{3} + \dfrac{1}{4} = \dfrac{\square}{\square} + \dfrac{\square}{\square} = \dfrac{\square}{\square}$

3と4の最小公倍数を考えて通分する

③ $\dfrac{1}{2} + \dfrac{1}{3} = \dfrac{\square}{\square} + \dfrac{\square}{\square} = \dfrac{\square}{\square}$

2と3の最小公倍数を考えて通分する

④ $\dfrac{3}{5} + \dfrac{3}{4} = \dfrac{\square}{\square} + \dfrac{\square}{\square} = \dfrac{\square}{\square} = \square\dfrac{\square}{\square}$

＊答えは帯分数になおしてもよい

5と4の最小公倍数を考えて通分する

⑤ $\dfrac{4}{9} + \dfrac{5}{6} = \dfrac{\square}{\square} + \dfrac{\square}{\square} = \dfrac{\square}{\square} = \square\dfrac{\square}{\square}$

＊答えは帯分数になおしてもよい

9と6の最小公倍数を考えて通分する

⑥ $\dfrac{7}{8} + \dfrac{7}{12} = \dfrac{\square}{\square} + \dfrac{\square}{\square} = \dfrac{\square}{\square} = \square\dfrac{\square}{\square}$

＊答えは帯分数になおしてもよい

8と12の最小公倍数を考えて通分する

2 分母がちがう分数のたし算 ①

>>> 答えは別冊1ページ

①〜④：1問10点　⑤〜⑨：1問12点

点数　　　点

たし算をしましょう。

① $\dfrac{2}{5} + \dfrac{1}{2}$

② $\dfrac{1}{4} + \dfrac{3}{8}$

③ $\dfrac{2}{7} + \dfrac{2}{3}$

④ $\dfrac{1}{6} + \dfrac{5}{12}$

⑤ $\dfrac{4}{5} + \dfrac{2}{3}$

⑥ $\dfrac{3}{4} + \dfrac{2}{9}$

⑦ $\dfrac{7}{8} + \dfrac{5}{6}$

⑧ $\dfrac{11}{12} + \dfrac{7}{15}$

⑨ $\dfrac{9}{14} + \dfrac{13}{21}$

3 分母がちがう分数のたし算②

▶▶▶ 答えは別冊1ページ

①,②：1問14点　③〜⑥：1問18点

たし算をしましょう。

① $\dfrac{1}{3} + \dfrac{1}{6} = \dfrac{\square}{\square} + \dfrac{\square}{\square} = \dfrac{\square}{\square} = \dfrac{\square}{\square}$ ← 分母をできるだけ小さくする

3と6の最小公倍数を考えて通分する　　約分する

② $\dfrac{1}{3} + \dfrac{1}{15} = \dfrac{\square}{\square} + \dfrac{\square}{\square} = \dfrac{\square}{\square} = \dfrac{\square}{\square}$

3と15の最小公倍数を考えて通分する　　約分する

③ $\dfrac{3}{10} + \dfrac{1}{2} = \dfrac{\square}{\square} + \dfrac{\square}{\square} = \dfrac{\square}{\square} = \dfrac{\square}{\square}$

10と2の最小公倍数を考えて通分する　　約分する

④ $\dfrac{11}{18} + \dfrac{2}{9} = \dfrac{\square}{\square} + \dfrac{\square}{\square} = \dfrac{\square}{\square} = \dfrac{\square}{\square}$

18と9の最小公倍数を考えて通分する　　約分する

⑤ $\dfrac{7}{12} + \dfrac{3}{4} = \dfrac{\square}{\square} + \dfrac{\square}{\square} = \dfrac{\square}{\square} = \dfrac{\square}{\square} = \square\dfrac{\square}{\square}$

12と4の最小公倍数を考えて通分する　　約分する　　＊答えは帯分数になおしてもよい

⑥ $\dfrac{5}{6} + \dfrac{4}{15} = \dfrac{\square}{\square} + \dfrac{\square}{\square} = \dfrac{\square}{\square} = \dfrac{\square}{\square} = \square\dfrac{\square}{\square}$

6と15の最小公倍数を考えて通分する　　約分する　　＊答えは帯分数になおしてもよい

4 分母がちがう分数のたし算 ②

>>> 答えは別冊1ページ

①〜④：1問10点　⑤〜⑨：1問12点

点数　点

たし算をしましょう。

① $\dfrac{1}{6} + \dfrac{1}{2}$

② $\dfrac{5}{12} + \dfrac{1}{3}$

③ $\dfrac{4}{5} + \dfrac{9}{20}$

④ $\dfrac{3}{4} + \dfrac{11}{12}$

⑤ $\dfrac{1}{10} + \dfrac{5}{6}$

⑥ $\dfrac{6}{7} + \dfrac{9}{14}$

⑦ $\dfrac{11}{24} + \dfrac{5}{8}$

⑧ $\dfrac{7}{10} + \dfrac{7}{15}$

⑨ $\dfrac{5}{12} + \dfrac{13}{20}$

5 分母がちがう分数のひき算 ①

>>> 答えは別冊2ページ

①, ②：1問14点　③〜⑥：1問18点

ひき算をしましょう。

① $\dfrac{2}{5} - \dfrac{1}{3} = \dfrac{\Box}{\Box} - \dfrac{\Box}{\Box} = \dfrac{\Box}{\Box}$

5と3の最小公倍数を考えて通分する

② $\dfrac{4}{5} - \dfrac{2}{3} = \dfrac{\Box}{\Box} - \dfrac{\Box}{\Box} = \dfrac{\Box}{\Box}$

5と3の最小公倍数を考えて通分する

③ $\dfrac{3}{4} - \dfrac{3}{8} = \dfrac{\Box}{\Box} - \dfrac{\Box}{\Box} = \dfrac{\Box}{\Box}$

4と8の最小公倍数を考えて通分する

④ $\dfrac{1}{2} - \dfrac{2}{9} = \dfrac{\Box}{\Box} - \dfrac{\Box}{\Box} = \dfrac{\Box}{\Box}$

2と9の最小公倍数を考えて通分する

⑤ $\dfrac{6}{7} - \dfrac{3}{4} = \dfrac{\Box}{\Box} - \dfrac{\Box}{\Box} = \dfrac{\Box}{\Box}$

7と4の最小公倍数を考えて通分する

⑥ $\dfrac{9}{10} - \dfrac{5}{8} = \dfrac{\Box}{\Box} - \dfrac{\Box}{\Box} = \dfrac{\Box}{\Box}$

10と8の最小公倍数を考えて通分する

6 分母がちがう分数のひき算 ①

▶▶▶ 答えは別冊2ページ

①～④：1問10点　⑤～⑨：1問12点

点

ひき算をしましょう。

① $\dfrac{1}{2} - \dfrac{1}{3}$

② $\dfrac{4}{5} - \dfrac{1}{10}$

③ $\dfrac{2}{3} - \dfrac{2}{9}$

④ $\dfrac{3}{4} - \dfrac{5}{8}$

⑤ $\dfrac{5}{7} - \dfrac{2}{3}$

⑥ $\dfrac{7}{8} - \dfrac{4}{5}$

⑦ $\dfrac{5}{6} - \dfrac{1}{4}$

⑧ $\dfrac{8}{9} - \dfrac{5}{12}$

⑨ $\dfrac{11}{15} - \dfrac{13}{18}$

9

7 分母がちがう分数のひき算 ②

▶▶▶ 答えは別冊2ページ

①，②：1問14点　③〜⑥：1問18点

点数 ★ ★

点

ひき算をしましょう。

① $\dfrac{3}{4} - \dfrac{1}{12} = \dfrac{\square}{\square} - \dfrac{\square}{\square} = \dfrac{\square}{\square} = \dfrac{\square}{\square}$ ← 分母をできるだけ小さくする

4と12の最小公倍数を考えて通分する　　約分する

② $\dfrac{5}{12} - \dfrac{1}{4} = \dfrac{\square}{\square} - \dfrac{\square}{\square} = \dfrac{\square}{\square} = \dfrac{\square}{\square}$

12と4の最小公倍数を考えて通分する　　約分する

③ $\dfrac{4}{5} - \dfrac{3}{10} = \dfrac{\square}{\square} - \dfrac{\square}{\square} = \dfrac{\square}{\square} = \dfrac{\square}{\square}$

5と10の最小公倍数を考えて通分する　　約分する

④ $\dfrac{2}{3} - \dfrac{4}{15} = \dfrac{\square}{\square} - \dfrac{\square}{\square} = \dfrac{\square}{\square} = \dfrac{\square}{\square}$

3と15の最小公倍数を考えて通分する　　約分する

⑤ $\dfrac{13}{24} - \dfrac{1}{6} = \dfrac{\square}{\square} - \dfrac{\square}{\square} = \dfrac{\square}{\square} = \dfrac{\square}{\square}$

24と6の最小公倍数を考えて通分する　　約分する

⑥ $\dfrac{11}{12} - \dfrac{7}{15} = \dfrac{\square}{\square} - \dfrac{\square}{\square} = \dfrac{\square}{\square} = \dfrac{\square}{\square}$

12と15の最小公倍数を考えて通分する　　約分する

8 分母がちがう分数のひき算②

▶▶▶ 答えは別冊2ページ

①〜④：1問10点　⑤〜⑨：1問12点

点

ひき算をしましょう。

① $\dfrac{1}{2} - \dfrac{1}{10}$

② $\dfrac{2}{3} - \dfrac{1}{6}$

③ $\dfrac{3}{4} - \dfrac{3}{20}$

④ $\dfrac{5}{6} - \dfrac{1}{12}$

⑤ $\dfrac{13}{14} - \dfrac{3}{7}$

⑥ $\dfrac{4}{5} - \dfrac{2}{15}$

⑦ $\dfrac{9}{10} - \dfrac{5}{6}$

⑧ $\dfrac{11}{13} - \dfrac{7}{39}$

⑨ $\dfrac{26}{35} - \dfrac{9}{14}$

9 ジグソーパズル

分母がちがう分数のたし算・ひき算のまとめ①

 答えは別冊2ページ

次の計算をして，答えと同じところに色をぬりましょう。
しげみにかくれている動物は何かな。

$\dfrac{3}{8} + \dfrac{1}{4}$　　　$\dfrac{2}{3} + \dfrac{5}{6}$　　　$\dfrac{8}{9} - \dfrac{1}{6}$

$\dfrac{1}{2} - \dfrac{1}{3}$　　　$\dfrac{11}{15} - \dfrac{2}{5}$　　　$\dfrac{1}{4} + \dfrac{2}{3}$

$\dfrac{6}{7} - \dfrac{4}{5}$　　　$\dfrac{1}{3} + \dfrac{5}{12}$　　　$\dfrac{5}{6} - \dfrac{3}{10}$

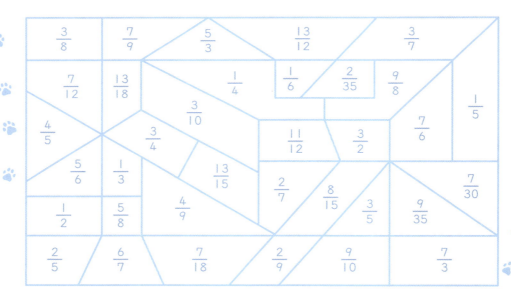

小学算数 計算問題の正しい解き方ドリル　6年・別冊
答えとおうちのかた手引き

1　分母がちがう分数のたし算 ①　理解
本冊4ページ

① $\frac{1}{3}+\frac{1}{4}=\frac{4}{12}+\frac{3}{12}=\frac{7}{12}$

② $\frac{2}{3}+\frac{1}{4}=\frac{8}{12}+\frac{3}{12}=\frac{11}{12}$

③ $\frac{1}{2}+\frac{1}{3}=\frac{3}{6}+\frac{2}{6}=\frac{5}{6}$

④ $\frac{3}{5}+\frac{3}{4}=\frac{12}{20}+\frac{15}{20}=\frac{27}{20}=1\frac{7}{20}$

⑤ $\frac{4}{9}+\frac{5}{6}=\frac{8}{18}+\frac{15}{18}=\frac{23}{18}=1\frac{5}{18}$

⑥ $\frac{7}{8}+\frac{7}{12}=\frac{21}{24}+\frac{14}{24}=\frac{35}{24}=1\frac{11}{24}$

ポイント
分母がちがう分数のたし算は，通分してから計算します。

2　分母がちがう分数のたし算 ①　練習
本冊5ページ

① $\frac{9}{10}$　② $\frac{5}{8}$　③ $\frac{20}{21}$

④ $\frac{7}{12}$　⑤ $\frac{22}{15}\left(1\frac{7}{15}\right)$　⑥ $\frac{35}{36}$

⑦ $\frac{41}{24}\left(1\frac{17}{24}\right)$　⑧ $\frac{83}{60}\left(1\frac{23}{60}\right)$　⑨ $\frac{53}{42}\left(1\frac{11}{42}\right)$

3　分母がちがう分数のたし算 ②　理解
本冊6ページ

① $\frac{1}{3}+\frac{1}{6}=\frac{2}{6}+\frac{1}{6}=\frac{3}{6}=\frac{1}{2}$

② $\frac{1}{3}+\frac{1}{15}=\frac{5}{15}+\frac{1}{15}=\frac{6}{15}=\frac{2}{5}$

③ $\frac{3}{10}+\frac{1}{2}=\frac{3}{10}+\frac{5}{10}=\frac{8}{10}=\frac{4}{5}$

④ $\frac{11}{18}+\frac{2}{9}=\frac{11}{18}+\frac{4}{18}=\frac{15}{18}=\frac{5}{6}$

⑤ $\frac{7}{12}+\frac{3}{4}=\frac{7}{12}+\frac{9}{12}=\frac{16}{12}=\frac{4}{3}=1\frac{1}{3}$

⑥ $\frac{5}{6}+\frac{4}{15}=\frac{25}{30}+\frac{8}{30}=\frac{33}{30}=\frac{11}{10}=1\frac{1}{10}$

ポイント
答えが約分できるときは，約分します。

ここがニガテ
約分するときは，分母と分子の最大公約数でわって，分母をできるだけ小さくします。

4　分母がちがう分数のたし算 ②　練習
本冊7ページ

① $\frac{2}{3}$　② $\frac{3}{4}$　③ $\frac{5}{4}\left(1\frac{1}{4}\right)$

④ $\frac{5}{3}\left(1\frac{2}{3}\right)$　⑤ $\frac{14}{15}$　⑥ $\frac{3}{2}\left(1\frac{1}{2}\right)$

⑦ $\frac{13}{12}\left(1\frac{1}{12}\right)$　⑧ $\frac{7}{6}\left(1\frac{1}{6}\right)$　⑨ $\frac{16}{15}\left(1\frac{1}{15}\right)$

1

5 分母がちがう分数のひき算 ① 〔理解〕 本冊8ページ

① $\dfrac{2}{5} - \dfrac{1}{3} = \dfrac{6}{15} - \dfrac{5}{15} = \dfrac{1}{15}$

② $\dfrac{4}{5} - \dfrac{2}{3} = \dfrac{12}{15} - \dfrac{10}{15} = \dfrac{2}{15}$

③ $\dfrac{3}{4} - \dfrac{3}{8} = \dfrac{6}{8} - \dfrac{3}{8} = \dfrac{3}{8}$

④ $\dfrac{1}{2} - \dfrac{2}{9} = \dfrac{9}{18} - \dfrac{4}{18} = \dfrac{5}{18}$

⑤ $\dfrac{6}{7} - \dfrac{3}{4} = \dfrac{24}{28} - \dfrac{21}{28} = \dfrac{3}{28}$

⑥ $\dfrac{9}{10} - \dfrac{5}{8} = \dfrac{36}{40} - \dfrac{25}{40} = \dfrac{11}{40}$

ポイント 分母がちがう分数のひき算は，通分してから計算します。

6 分母がちがう分数のひき算 ① 〔練習〕 本冊9ページ

① $\dfrac{1}{6}$ ② $\dfrac{7}{10}$ ③ $\dfrac{4}{9}$

④ $\dfrac{1}{8}$ ⑤ $\dfrac{1}{21}$ ⑥ $\dfrac{3}{40}$

⑦ $\dfrac{7}{12}$ ⑧ $\dfrac{17}{36}$ ⑨ $\dfrac{1}{90}$

7 分母がちがう分数のひき算 ② 〔理解〕 本冊10ページ

① $\dfrac{3}{4} - \dfrac{1}{12} = \dfrac{9}{12} - \dfrac{1}{12} = \dfrac{8}{12} = \dfrac{2}{3}$

② $\dfrac{5}{12} - \dfrac{1}{4} = \dfrac{5}{12} - \dfrac{3}{12} = \dfrac{2}{12} = \dfrac{1}{6}$

③ $\dfrac{4}{5} - \dfrac{3}{10} = \dfrac{8}{10} - \dfrac{3}{10} = \dfrac{5}{10} = \dfrac{1}{2}$

④ $\dfrac{2}{3} - \dfrac{4}{15} = \dfrac{10}{15} - \dfrac{4}{15} = \dfrac{6}{15} = \dfrac{2}{5}$

⑤ $\dfrac{13}{24} - \dfrac{1}{6} = \dfrac{13}{24} - \dfrac{4}{24} = \dfrac{9}{24} = \dfrac{3}{8}$

⑥ $\dfrac{11}{12} - \dfrac{7}{15} = \dfrac{55}{60} - \dfrac{28}{60} = \dfrac{27}{60} = \dfrac{9}{20}$

ここが ニガテ

約分するときは，分母と分子の最大公約数でわって，分母をできるだけ小さくします。

8 分母がちがう分数のひき算 ② 〔練習〕 本冊11ページ

① $\dfrac{2}{5}$ ② $\dfrac{1}{2}$ ③ $\dfrac{3}{5}$

④ $\dfrac{3}{4}$ ⑤ $\dfrac{1}{2}$ ⑥ $\dfrac{2}{3}$

⑦ $\dfrac{1}{15}$ ⑧ $\dfrac{2}{3}$ ⑨ $\dfrac{1}{10}$

9 分母がちがう分数のたし算・ひき算のまとめ① ジグソーパズル 本冊12ページ

$\dfrac{3}{8} + \dfrac{1}{4} = \dfrac{5}{8}$ $\dfrac{2}{3} + \dfrac{5}{6} = \dfrac{3}{2}$ $\dfrac{8}{9} - \dfrac{1}{6} = \dfrac{13}{18}$

$\dfrac{1}{2} - \dfrac{1}{3} = \dfrac{1}{6}$ $\dfrac{11}{15} - \dfrac{2}{5} = \dfrac{1}{3}$ $\dfrac{1}{4} + \dfrac{2}{3} = \dfrac{11}{12}$

$\dfrac{6}{7} - \dfrac{4}{5} = \dfrac{2}{35}$ $\dfrac{1}{3} + \dfrac{5}{12} = \dfrac{3}{4}$ $\dfrac{5}{6} - \dfrac{3}{10} = \dfrac{8}{15}$

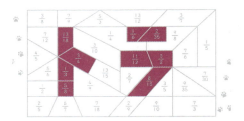

10 分母がちがう分数のたし算 ③ 〔理解〕 本冊13ページ

① $\dfrac{3}{2} + \dfrac{4}{3} = \dfrac{9}{6} + \dfrac{8}{6} = \dfrac{17}{6} = 2\dfrac{5}{6}$

② $\dfrac{5}{3} + \dfrac{5}{2} = \dfrac{10}{6} + \dfrac{15}{6} = \dfrac{25}{6} = 4\dfrac{1}{6}$

③ $\dfrac{7}{6} + \dfrac{5}{4} = \dfrac{14}{12} + \dfrac{15}{12} = \dfrac{29}{12} = 2\dfrac{5}{12}$

④ $\dfrac{9}{8} + \dfrac{7}{2} = \dfrac{9}{8} + \dfrac{28}{8} = \dfrac{37}{8} = 4\dfrac{5}{8}$

⑤ $\dfrac{7}{5} + \dfrac{10}{3} = \dfrac{21}{15} + \dfrac{50}{15} = \dfrac{71}{15} = 4\dfrac{11}{15}$

⑥ $\dfrac{9}{4} + \dfrac{11}{10} = \dfrac{45}{20} + \dfrac{22}{20} = \dfrac{67}{20} = 3\dfrac{7}{20}$

> **ポイント**
> 仮分数のたし算も，真分数のたし算と同じように通分してから計算します。

11 分母がちがう分数のたし算 ③ 練習
本冊14ページ

① $\dfrac{31}{12}\left(2\dfrac{7}{12}\right)$ ② $\dfrac{23}{10}\left(2\dfrac{3}{10}\right)$ ③ $\dfrac{51}{14}\left(3\dfrac{9}{14}\right)$

④ $\dfrac{23}{8}\left(2\dfrac{7}{8}\right)$ ⑤ $\dfrac{83}{30}\left(2\dfrac{23}{30}\right)$ ⑥ $\dfrac{47}{18}\left(2\dfrac{11}{18}\right)$

⑦ $\dfrac{77}{20}\left(3\dfrac{17}{20}\right)$ ⑧ $\dfrac{77}{24}\left(3\dfrac{5}{24}\right)$ ⑨ $\dfrac{79}{36}\left(2\dfrac{7}{36}\right)$

12 分母がちがう分数のたし算 ④ 理解
本冊15ページ

① $\dfrac{7}{6}+\dfrac{3}{2}=\dfrac{7}{6}+\dfrac{9}{6}=\dfrac{16}{6}=\dfrac{8}{3}=2\dfrac{2}{3}$

② $\dfrac{5}{2}+\dfrac{11}{6}=\dfrac{15}{6}+\dfrac{11}{6}=\dfrac{26}{6}=\dfrac{13}{3}=4\dfrac{1}{3}$

③ $\dfrac{5}{3}+\dfrac{13}{12}=\dfrac{20}{12}+\dfrac{13}{12}=\dfrac{33}{12}=\dfrac{11}{4}=2\dfrac{3}{4}$

④ $\dfrac{16}{15}+\dfrac{8}{5}=\dfrac{16}{15}+\dfrac{24}{15}=\dfrac{40}{15}=\dfrac{8}{3}=2\dfrac{2}{3}$

⑤ $\dfrac{7}{2}+\dfrac{17}{14}=\dfrac{49}{14}+\dfrac{17}{14}=\dfrac{66}{14}=\dfrac{33}{7}=4\dfrac{5}{7}$

⑥ $\dfrac{11}{10}+\dfrac{16}{15}=\dfrac{33}{30}+\dfrac{32}{30}=\dfrac{65}{30}=\dfrac{13}{6}=2\dfrac{1}{6}$

> **ここが ニガテ**
> 約分するときは，分母と分子の最大公約数でわって，分母をできるだけ小さくします。

13 分母がちがう分数のたし算 ④ 練習
本冊16ページ

① $\dfrac{7}{3}\left(2\dfrac{1}{3}\right)$ ② $\dfrac{7}{2}\left(3\dfrac{1}{2}\right)$ ③ $\dfrac{19}{5}\left(3\dfrac{4}{5}\right)$

④ $\dfrac{9}{4}\left(2\dfrac{1}{4}\right)$ ⑤ $\dfrac{21}{4}\left(5\dfrac{1}{4}\right)$ ⑥ $\dfrac{8}{3}\left(2\dfrac{2}{3}\right)$

⑦ $\dfrac{9}{4}\left(2\dfrac{1}{4}\right)$ ⑧ $\dfrac{7}{3}\left(2\dfrac{1}{3}\right)$ ⑨ $\dfrac{14}{5}\left(2\dfrac{4}{5}\right)$

14 分母がちがう分数のたし算 ⑤ 理解
本冊17ページ

① $3\dfrac{1}{3}+1\dfrac{1}{4}=3\dfrac{4}{12}+1\dfrac{3}{12}=4\dfrac{7}{12}$

② $2\dfrac{2}{3}+3\dfrac{1}{4}=2\dfrac{8}{12}+3\dfrac{3}{12}=5\dfrac{11}{12}$

③ $1\dfrac{2}{5}+4\dfrac{1}{6}=1\dfrac{12}{30}+4\dfrac{5}{30}=5\dfrac{17}{30}$

④ $3\dfrac{6}{7}+5\dfrac{1}{2}=3\dfrac{12}{14}+5\dfrac{7}{14}=8\dfrac{19}{14}=9\dfrac{5}{14}$

> **ポイント**
> 帯分数のたし算は，整数部分と分数部分に分けてそれぞれ計算すると簡単です。（仮分数になおして計算することもできます。）
> 答えの分数部分が仮分数になったら，整数部分にくり上げて分数部分を真分数にします。

15 分母がちがう分数のたし算 ⑤ 練習
本冊18ページ

① $3\dfrac{5}{6}$ ② $4\dfrac{19}{20}$ ③ $4\dfrac{5}{6}$

④ $5\dfrac{7}{8}$ ⑤ $7\dfrac{13}{28}$ ⑥ $4\dfrac{11}{18}$

⑦ $6\dfrac{13}{20}$ ⑧ $5\dfrac{19}{24}$ ⑨ $8\dfrac{4}{45}$

16 分母がちがう分数のたし算 ⑥ 理解
本冊19ページ

① $1\dfrac{1}{2}+1\dfrac{3}{10}=1\dfrac{5}{10}+1\dfrac{3}{10}=2\dfrac{8}{10}=2\dfrac{4}{5}$

② $2\dfrac{7}{10}+3\dfrac{1}{2}=2\dfrac{7}{10}+3\dfrac{5}{10}=5\dfrac{12}{10}=5\dfrac{6}{5}=6\dfrac{1}{5}$

③ $1\dfrac{5}{6}+2\dfrac{5}{12}=1\dfrac{10}{12}+2\dfrac{5}{12}=3\dfrac{15}{12}=3\dfrac{5}{4}=4\dfrac{1}{4}$

④ $3\dfrac{11}{15}+4\dfrac{2}{3}=3\dfrac{11}{15}+4\dfrac{10}{15}=7\dfrac{21}{15}=7\dfrac{7}{5}=8\dfrac{2}{5}$

> **ここが ニガテ**
> 約分するときは，分母と分子の最大公約数でわって，分母をできるだけ小さくします。

17 分母がちがう分数のたし算 ⑥ 練習
▶▶▶ 本冊20ページ

① $5\dfrac{1}{3}$ ② $3\dfrac{5}{7}$ ③ $6\dfrac{1}{2}$

④ $2\dfrac{5}{6}$ ⑤ $4\dfrac{1}{2}$ ⑥ $8\dfrac{2}{5}$

⑦ $5\dfrac{3}{4}$ ⑧ $7\dfrac{1}{4}$ ⑨ $7\dfrac{7}{10}$

18 分母がちがう分数のひき算 ③ 理解
▶▶▶ 本冊21ページ

① $\dfrac{5}{2} - \dfrac{7}{3} = \dfrac{15}{6} - \dfrac{14}{6} = \dfrac{1}{6}$

② $\dfrac{7}{2} - \dfrac{8}{3} = \dfrac{21}{6} - \dfrac{16}{6} = \dfrac{5}{6}$

③ $\dfrac{8}{5} - \dfrac{5}{4} = \dfrac{32}{20} - \dfrac{25}{20} = \dfrac{7}{20}$

④ $\dfrac{7}{6} - \dfrac{9}{8} = \dfrac{28}{24} - \dfrac{27}{24} = \dfrac{1}{24}$

⑤ $\dfrac{10}{3} - \dfrac{5}{4} = \dfrac{40}{12} - \dfrac{15}{12} = \dfrac{25}{12} = 2\dfrac{1}{12}$

⑥ $\dfrac{12}{5} - \dfrac{4}{3} = \dfrac{36}{15} - \dfrac{20}{15} = \dfrac{16}{15} = 1\dfrac{1}{15}$

ポイント
仮分数のひき算も，真分数のひき算と同じように，通分してから計算します。

19 分母がちがう分数のひき算 ③ 練習
▶▶▶ 本冊22ページ

① $\dfrac{2}{15}$ ② $\dfrac{11}{8}\left(1\dfrac{3}{8}\right)$ ③ $\dfrac{3}{20}$

④ $\dfrac{14}{9}\left(1\dfrac{5}{9}\right)$ ⑤ $\dfrac{9}{20}$ ⑥ $\dfrac{17}{24}$

⑦ $\dfrac{35}{36}$ ⑧ $\dfrac{31}{14}\left(2\dfrac{3}{14}\right)$ ⑨ $\dfrac{7}{30}$

20 分母がちがう分数のひき算 ④ 理解
▶▶▶ 本冊23ページ

① $\dfrac{3}{2} - \dfrac{7}{6} = \dfrac{9}{6} - \dfrac{7}{6} = \dfrac{2}{6} = \dfrac{1}{3}$

② $\dfrac{5}{2} - \dfrac{11}{6} = \dfrac{15}{6} - \dfrac{11}{6} = \dfrac{4}{6} = \dfrac{2}{3}$

③ $\dfrac{8}{5} - \dfrac{11}{10} = \dfrac{16}{10} - \dfrac{11}{10} = \dfrac{5}{10} = \dfrac{1}{2}$

④ $\dfrac{13}{4} - \dfrac{17}{12} = \dfrac{39}{12} - \dfrac{17}{12} = \dfrac{22}{12} = \dfrac{11}{6} = 1\dfrac{5}{6}$

⑤ $\dfrac{11}{6} - \dfrac{13}{10} = \dfrac{55}{30} - \dfrac{39}{30} = \dfrac{16}{30} = \dfrac{8}{15}$

⑥ $\dfrac{8}{3} - \dfrac{17}{12} = \dfrac{32}{12} - \dfrac{17}{12} = \dfrac{15}{12} = \dfrac{5}{4} = 1\dfrac{1}{4}$

ここが ニガテ
約分するときは，分母と分子の最大公約数でわって，分母をできるだけ小さくします。

21 分母がちがう分数のひき算 ④ 練習
▶▶▶ 本冊24ページ

① $\dfrac{1}{5}$ ② $\dfrac{7}{12}$ ③ $\dfrac{1}{2}$

④ $\dfrac{3}{2}\left(1\dfrac{1}{2}\right)$ ⑤ $\dfrac{11}{15}$ ⑥ $\dfrac{1}{6}$

⑦ $\dfrac{7}{6}\left(1\dfrac{1}{6}\right)$ ⑧ $\dfrac{3}{10}$ ⑨ $\dfrac{9}{10}$

22 分母がちがう分数のひき算 ⑤ 理解
▶▶▶ 本冊25ページ

① $2\dfrac{1}{2} - 1\dfrac{1}{3} = 2\dfrac{3}{6} - 1\dfrac{2}{6} = 1\dfrac{1}{6}$

② $3\dfrac{2}{3} - 1\dfrac{1}{2} = 3\dfrac{4}{6} - 1\dfrac{3}{6} = 2\dfrac{1}{6}$

③ $4\dfrac{2}{5} - 3\dfrac{7}{8} = 4\dfrac{16}{40} - 3\dfrac{35}{40} = 3\dfrac{56}{40} - 3\dfrac{35}{40} = \dfrac{21}{40}$

④ $5\dfrac{1}{6} - 2\dfrac{4}{9} = 5\dfrac{3}{18} - 2\dfrac{8}{18} = 4\dfrac{21}{18} - 2\dfrac{8}{18}$
$= 2\dfrac{13}{18}$

ポイント

帯分数のひき算は，整数部分と分数部分に分けてそれぞれ計算すると簡単です。（仮分数になおして計算することもできます。）
分数部分がひけないときは，ひかれる数の整数部分からくり下げて分数部分を仮分数にします。

23 分母がちがう分数のひき算 ⑤ 〔練習〕

本冊26ページ

① $2\frac{3}{10}$　② $1\frac{7}{15}$　③ $2\frac{1}{9}$

④ $\frac{17}{24}$　⑤ $1\frac{7}{8}$　⑥ $1\frac{7}{12}$

⑦ $\frac{7}{18}$　⑧ $2\frac{11}{20}$　⑨ $\frac{22}{45}$

24 分母がちがう分数のひき算 ⑥ 〔理解〕

本冊27ページ

① $3\frac{2}{3} - 1\frac{1}{6} = 3\frac{4}{6} - 1\frac{1}{6} = 2\frac{3}{6} = 2\frac{1}{2}$

② $5\frac{5}{6} - 2\frac{1}{3} = 5\frac{5}{6} - 2\frac{2}{6} = 3\frac{3}{6} = 3\frac{1}{2}$

③ $4\frac{1}{4} - 1\frac{5}{12} = 4\frac{3}{12} - 1\frac{5}{12} = 3\frac{15}{12} - 1\frac{5}{12} = 2\frac{10}{12} = 2\frac{5}{6}$

④ $5\frac{4}{15} - 4\frac{2}{3} = 5\frac{4}{15} - 4\frac{10}{15} = 4\frac{19}{15} - 4\frac{10}{15} = \frac{9}{15} = \frac{3}{5}$

ポイント

答えの分数部分が約分できるときは，約分します。

ここが ニガテ

約分するときは，分母と分子の最大公約数でわって，分母をできるだけ小さくします。

25 分母がちがう分数のひき算 ⑥ 〔練習〕

本冊28ページ

① $1\frac{1}{6}$　② $2\frac{1}{2}$　③ $2\frac{1}{2}$

④ $2\frac{1}{9}$　⑤ $1\frac{2}{3}$　⑥ $\frac{7}{15}$

⑦ $1\frac{8}{9}$　⑧ $1\frac{7}{10}$　⑨ $3\frac{5}{6}$

26 分母がちがう分数のたし算・ひき算のまとめ ② 魚つり

本冊29ページ

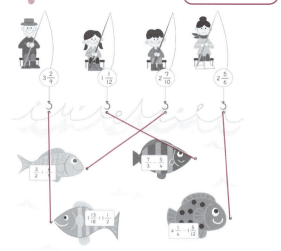

27 分数に整数をかける計算 〔理解〕

本冊30ページ

① $\frac{2}{7} \times 3 = \frac{2 \times 3}{7} = \frac{6}{7}$

② $\frac{1}{8} \times 3 = \frac{1 \times 3}{8} = \frac{3}{8}$

③ $\frac{3}{4} \times 5 = \frac{3 \times 5}{4} = \frac{15}{4} = 3\frac{3}{4}$

④ $\frac{5}{6} \times 2 = \frac{5 \times \overset{1}{\cancel{2}}}{\underset{3}{\cancel{6}}} = \frac{5}{3} = 1\frac{2}{3}$

⑤ $\frac{4}{15} \times 6 = \frac{4 \times \overset{2}{\cancel{6}}}{\underset{5}{\cancel{15}}} = \frac{8}{5} = 1\frac{3}{5}$

ポイント
分数に整数をかける計算は，分母はそのままにして，分子に整数をかけます。計算のとちゅうで約分できるときは，約分します。

28 分数に整数をかける計算
▶▶▶ 本冊31ページ

① $\dfrac{5}{6}$　② $\dfrac{8}{9}$　③ $\dfrac{8}{7}\left(1\dfrac{1}{7}\right)$

④ $\dfrac{24}{5}\left(4\dfrac{4}{5}\right)$　⑤ $\dfrac{4}{3}\left(1\dfrac{1}{3}\right)$　⑥ $\dfrac{10}{3}\left(3\dfrac{1}{3}\right)$

⑦ $\dfrac{7}{4}\left(1\dfrac{3}{4}\right)$　⑧ $\dfrac{3}{2}\left(1\dfrac{1}{2}\right)$　⑨ $\dfrac{14}{3}\left(4\dfrac{2}{3}\right)$

29 分数を整数でわる計算
▶▶▶ 本冊32ページ

① $\dfrac{4}{5} \div 3 = \dfrac{4}{5 \times 3} = \dfrac{4}{15}$

② $\dfrac{7}{9} \div 3 = \dfrac{7}{9 \times 3} = \dfrac{7}{27}$

③ $\dfrac{5}{7} \div 8 = \dfrac{5}{7 \times 8} = \dfrac{5}{56}$

④ $\dfrac{4}{3} \div 2 = \dfrac{\overset{2}{\cancel{4}}}{3 \times \underset{1}{\cancel{2}}} = \dfrac{2}{3}$

⑤ $\dfrac{9}{2} \div 6 = \dfrac{\overset{3}{\cancel{9}}}{2 \times \underset{2}{\cancel{6}}} = \dfrac{3}{4}$

ポイント
分数を整数でわる計算は，分子はそのままにして，分母に整数をかけます。計算のとちゅうで約分できるときは，約分します。

30 分数を整数でわる計算
▶▶▶ 本冊33ページ

① $\dfrac{2}{15}$　② $\dfrac{3}{32}$　③ $\dfrac{2}{63}$

④ $\dfrac{7}{20}$　⑤ $\dfrac{1}{12}$　⑥ $\dfrac{3}{7}$

⑦ $\dfrac{2}{9}$　⑧ $\dfrac{4}{15}$　⑨ $\dfrac{3}{8}$

31 分数計算の部屋
分数に整数をかける・分数を整数でわる計算のまとめ
▶▶▶ 本冊34ページ

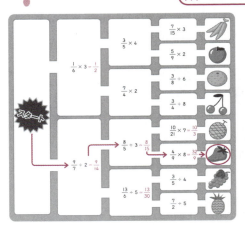

32 分数に分数をかける計算①
▶▶▶ 本冊35ページ

① $\dfrac{1}{3} \times \dfrac{2}{5} = \dfrac{1 \times 2}{3 \times 5} = \dfrac{2}{15}$

② $\dfrac{6}{7} \times \dfrac{2}{5} = \dfrac{6 \times 2}{7 \times 5} = \dfrac{12}{35}$

③ $\dfrac{3}{4} \times \dfrac{5}{7} = \dfrac{3 \times 5}{4 \times 7} = \dfrac{15}{28}$

④ $\dfrac{10}{9} \times \dfrac{2}{3} = \dfrac{10 \times 2}{9 \times 3} = \dfrac{20}{27}$

⑤ $\dfrac{5}{4} \times \dfrac{5}{12} = \dfrac{5 \times 5}{4 \times 12} = \dfrac{25}{48}$

⑥ $\dfrac{3}{2} \times \dfrac{9}{8} = \dfrac{3 \times 9}{2 \times 8} = \dfrac{27}{16} = 1\dfrac{11}{16}$

ポイント
分数に分数をかける計算は，分母どうし，分子どうしをかけます。

33 分数に分数をかける計算① 練習
本冊36ページ

① $\dfrac{3}{8}$　② $\dfrac{1}{30}$　③ $\dfrac{20}{63}$

④ $\dfrac{9}{40}$　⑤ $\dfrac{7}{36}$　⑥ $\dfrac{18}{35}$

⑦ $\dfrac{15}{16}$　⑧ $\dfrac{49}{30}\left(1\dfrac{19}{30}\right)$　⑨ $\dfrac{40}{21}\left(1\dfrac{19}{21}\right)$

36 分数に分数をかける計算② 練習
本冊39ページ

① $\dfrac{1}{8}$　② $\dfrac{5}{9}$　③ $\dfrac{3}{10}$

④ $\dfrac{9}{14}$　⑤ $\dfrac{1}{8}$　⑥ $\dfrac{3}{10}$

⑦ $\dfrac{10}{27}$　⑧ $\dfrac{3}{35}$　⑨ $\dfrac{7}{10}$

34 分数に分数をかける計算① 練習
本冊37ページ

① $\dfrac{2}{21}$　② $\dfrac{3}{32}$　③ $\dfrac{8}{15}$

④ $\dfrac{35}{54}$　⑤ $\dfrac{21}{64}$　⑥ $\dfrac{9}{8}\left(1\dfrac{1}{8}\right)$

⑦ $\dfrac{14}{45}$　⑧ $\dfrac{55}{24}\left(2\dfrac{7}{24}\right)$　⑨ $\dfrac{49}{12}\left(4\dfrac{1}{12}\right)$

37 分数に分数をかける計算② 練習
本冊40ページ

① $\dfrac{1}{3}$　② $\dfrac{4}{3}\left(1\dfrac{1}{3}\right)$　③ $\dfrac{4}{5}$

④ $\dfrac{9}{4}\left(2\dfrac{1}{4}\right)$　⑤ 2　⑥ $\dfrac{6}{5}\left(1\dfrac{1}{5}\right)$

⑦ $\dfrac{5}{8}$　⑧ 6　⑨ $\dfrac{4}{3}\left(1\dfrac{1}{3}\right)$

35 分数に分数をかける計算② 理解
本冊38ページ

① $\dfrac{1}{2}\times\dfrac{2}{3}=\dfrac{1\times\overset{1}{2}}{2\times 3}=\dfrac{1}{3}$

② $\dfrac{3}{5}\times\dfrac{2}{3}=\dfrac{\overset{1}{3}\times 2}{5\times\underset{1}{3}}=\dfrac{2}{5}$

③ $\dfrac{8}{9}\times\dfrac{3}{4}=\dfrac{\overset{2}{8}\times\overset{1}{3}}{\underset{3}{9}\times\underset{1}{4}}=\dfrac{2}{3}$

④ $\dfrac{6}{5}\times\dfrac{10}{9}=\dfrac{\overset{2}{6}\times\overset{2}{10}}{\underset{1}{5}\times\underset{3}{9}}=\dfrac{4}{3}=1\dfrac{1}{3}$

ポイント
計算のとちゅうで約分できるときは，約分します。

ここが ニガテ
答えを求めてから約分することもできますが，とちゅうで約分しておくと，計算が簡単になります。

38 分数に分数をかける計算③ 理解
本冊41ページ

① $1\dfrac{1}{4}\times\dfrac{1}{3}=\dfrac{5}{4}\times\dfrac{1}{3}=\dfrac{5\times 1}{4\times 3}=\dfrac{5}{12}$

② $2\dfrac{2}{3}\times\dfrac{1}{3}=\dfrac{8}{3}\times\dfrac{1}{3}=\dfrac{8\times 1}{3\times 3}=\dfrac{8}{9}$

③ $1\dfrac{2}{5}\times\dfrac{3}{4}=\dfrac{7}{5}\times\dfrac{3}{4}=\dfrac{7\times 3}{5\times 4}=\dfrac{21}{20}=1\dfrac{1}{20}$

④ $\dfrac{5}{6}\times 1\dfrac{2}{3}=\dfrac{5}{6}\times\dfrac{5}{3}=\dfrac{5\times 5}{6\times 3}=\dfrac{25}{18}=1\dfrac{7}{18}$

⑤ $3\dfrac{1}{2}\times 1\dfrac{2}{5}=\dfrac{7}{2}\times\dfrac{7}{5}=\dfrac{7\times 7}{2\times 5}=\dfrac{49}{10}=4\dfrac{9}{10}$

⑥ $1\dfrac{1}{6}\times 2\dfrac{3}{4}=\dfrac{7}{6}\times\dfrac{11}{4}=\dfrac{7\times 11}{6\times 4}=\dfrac{77}{24}=3\dfrac{5}{24}$

ポイント
帯分数の混じったかけ算は，帯分数を仮分数になおしてから計算します。

39 分数に分数をかける計算③ 練習
本冊42ページ

① $\dfrac{8}{15}$　② $\dfrac{11}{30}$　③ $\dfrac{20}{21}$

④ $\dfrac{15}{8}\left(1\dfrac{7}{8}\right)$　⑤ $\dfrac{56}{15}\left(3\dfrac{11}{15}\right)$　⑥ $\dfrac{81}{28}\left(2\dfrac{25}{28}\right)$

⑦ $\dfrac{65}{24}\left(2\dfrac{17}{24}\right)$　⑧ $\dfrac{77}{8}\left(9\dfrac{5}{8}\right)$　⑨ $\dfrac{63}{40}\left(1\dfrac{23}{40}\right)$

42 分数に分数をかける計算④ 練習
本冊45ページ

① $\dfrac{5}{6}$　② $\dfrac{7}{3}\left(2\dfrac{1}{3}\right)$　③ $\dfrac{5}{2}\left(2\dfrac{1}{2}\right)$

④ 3　⑤ $\dfrac{10}{3}\left(3\dfrac{1}{3}\right)$　⑥ $\dfrac{10}{7}\left(1\dfrac{3}{7}\right)$

⑦ 6　⑧ $\dfrac{9}{2}\left(4\dfrac{1}{2}\right)$　⑨ $\dfrac{63}{4}\left(15\dfrac{3}{4}\right)$

40 分数に分数をかける計算③ 練習
本冊43ページ

① $\dfrac{7}{12}$　② $\dfrac{27}{28}$　③ $\dfrac{25}{16}\left(1\dfrac{9}{16}\right)$

④ $\dfrac{36}{35}\left(1\dfrac{1}{35}\right)$　⑤ $\dfrac{35}{6}\left(5\dfrac{5}{6}\right)$　⑥ $\dfrac{81}{56}\left(1\dfrac{25}{56}\right)$

⑦ $\dfrac{88}{25}\left(3\dfrac{13}{25}\right)$　⑧ $\dfrac{49}{12}\left(4\dfrac{1}{12}\right)$　⑨ $\dfrac{80}{27}\left(2\dfrac{26}{27}\right)$

43 分数に分数をかける計算④ 練習
本冊46ページ

① $\dfrac{3}{4}$　② $\dfrac{7}{8}$　③ $\dfrac{9}{14}$

④ $\dfrac{4}{3}\left(1\dfrac{1}{3}\right)$　⑤ $\dfrac{27}{7}\left(3\dfrac{6}{7}\right)$　⑥ $\dfrac{21}{8}\left(2\dfrac{5}{8}\right)$

⑦ 8　⑧ $\dfrac{15}{2}\left(7\dfrac{1}{2}\right)$　⑨ 4

41 分数に分数をかける計算④ 理解
本冊44ページ

① $1\dfrac{1}{5}\times\dfrac{2}{3}=\dfrac{6}{5}\times\dfrac{2}{3}=\dfrac{\overset{2}{\cancel{6}}\times 2}{5\times\underset{1}{\cancel{3}}}=\dfrac{4}{5}$

② $1\dfrac{1}{4}\times\dfrac{2}{3}=\dfrac{5}{4}\times\dfrac{2}{3}=\dfrac{5\times\overset{1}{\cancel{2}}}{\underset{2}{\cancel{4}}\times 3}=\dfrac{5}{6}$

③ $\dfrac{6}{7}\times 2\dfrac{5}{8}=\dfrac{6}{7}\times\dfrac{21}{8}=\dfrac{\overset{3}{\cancel{6}}\times\overset{3}{\cancel{21}}}{\underset{1}{\cancel{7}}\times\underset{4}{\cancel{8}}}=\dfrac{9}{4}=2\dfrac{1}{4}$

④ $2\dfrac{2}{9}\times 1\dfrac{3}{4}=\dfrac{20}{9}\times\dfrac{7}{4}=\dfrac{\overset{5}{\cancel{20}}\times 7}{9\times\underset{1}{\cancel{4}}}=\dfrac{35}{9}=3\dfrac{8}{9}$

ポイント
計算のとちゅうで約分できるときは，約分します。

ここが ニガテ
答えを求めてから約分することもできますが，とちゅうで約分しておくと，計算が簡単になります。

44 整数に分数をかける計算① 理解
本冊47ページ

① $3\times\dfrac{2}{7}=\dfrac{3}{1}\times\dfrac{2}{7}=\dfrac{3\times 2}{1\times 7}=\dfrac{6}{7}$

② $5\times\dfrac{2}{7}=\dfrac{5}{1}\times\dfrac{2}{7}=\dfrac{5\times 2}{1\times 7}=\dfrac{10}{7}=1\dfrac{3}{7}$

③ $4\times\dfrac{4}{5}=\dfrac{4}{1}\times\dfrac{4}{5}=\dfrac{4\times 4}{1\times 5}=\dfrac{16}{5}=3\dfrac{1}{5}$

④ $8\times\dfrac{6}{7}=\dfrac{8}{1}\times\dfrac{6}{7}=\dfrac{8\times 6}{1\times 7}=\dfrac{48}{7}=6\dfrac{6}{7}$

⑤ $2\times\dfrac{5}{3}=\dfrac{2}{1}\times\dfrac{5}{3}=\dfrac{2\times 5}{1\times 3}=\dfrac{10}{3}=3\dfrac{1}{3}$

⑥ $3\times\dfrac{7}{4}=\dfrac{3}{1}\times\dfrac{7}{4}=\dfrac{3\times 7}{1\times 4}=\dfrac{21}{4}=5\dfrac{1}{4}$

ポイント
整数を分母が１の分数と考えると，分数に分数をかける計算と同じように計算できます。

$○\times\dfrac{△}{□}=\dfrac{○\times△}{□}$ としても，計算できます。

45 整数に分数をかける計算① 練習
▶▶▶ 本冊48ページ

① $\dfrac{4}{5}$ ② $\dfrac{21}{4}\left(5\dfrac{1}{4}\right)$ ③ $\dfrac{15}{8}\left(1\dfrac{7}{8}\right)$
④ $\dfrac{28}{9}\left(3\dfrac{1}{9}\right)$ ⑤ $\dfrac{27}{2}\left(13\dfrac{1}{2}\right)$ ⑥ $\dfrac{35}{6}\left(5\dfrac{5}{6}\right)$
⑦ $\dfrac{80}{7}\left(11\dfrac{3}{7}\right)$ ⑧ $\dfrac{40}{3}\left(13\dfrac{1}{3}\right)$ ⑨ $\dfrac{39}{10}\left(3\dfrac{9}{10}\right)$

 46 整数に分数をかける計算① 練習
▶▶▶ 本冊49ページ

① $\dfrac{8}{9}$ ② $\dfrac{12}{5}\left(2\dfrac{2}{5}\right)$ ③ $\dfrac{36}{7}\left(5\dfrac{1}{7}\right)$
④ $\dfrac{16}{3}\left(5\dfrac{1}{3}\right)$ ⑤ $\dfrac{18}{5}\left(3\dfrac{3}{5}\right)$ ⑥ $\dfrac{77}{9}\left(8\dfrac{5}{9}\right)$
⑦ $\dfrac{45}{8}\left(5\dfrac{5}{8}\right)$ ⑧ $\dfrac{45}{2}\left(22\dfrac{1}{2}\right)$ ⑨ $\dfrac{42}{5}\left(8\dfrac{2}{5}\right)$

 47 整数に分数をかける計算② 理解
▶▶▶ 本冊50ページ

① $3\times\dfrac{2}{9}=\dfrac{3}{1}\times\dfrac{2}{9}=\dfrac{\overset{1}{3}\times 2}{1\times \underset{3}{9}}=\dfrac{2}{3}$

② $12\times\dfrac{2}{9}=\dfrac{12}{1}\times\dfrac{2}{9}=\dfrac{\overset{4}{12}\times 2}{1\times \underset{3}{9}}=\dfrac{8}{3}=2\dfrac{2}{3}$

③ $5\times\dfrac{7}{10}=\dfrac{5}{1}\times\dfrac{7}{10}=\dfrac{\overset{1}{5}\times 7}{1\times \underset{2}{10}}=\dfrac{7}{2}=3\dfrac{1}{2}$

④ $6\times\dfrac{16}{15}=\dfrac{6}{1}\times\dfrac{16}{15}=\dfrac{\overset{2}{6}\times 16}{1\times \underset{5}{15}}=\dfrac{32}{5}=6\dfrac{2}{5}$

ポイント
計算のとちゅうで約分できるときは，約分します。

ここが ニガテ
答えを求めてから約分することもできますが，とちゅうで約分しておくと，計算が簡単になります。

 48 整数に分数をかける計算② 練習
▶▶▶ 本冊51ページ

① $\dfrac{5}{3}\left(1\dfrac{2}{3}\right)$ ② $\dfrac{14}{3}\left(4\dfrac{2}{3}\right)$ ③ $\dfrac{3}{2}\left(1\dfrac{1}{2}\right)$
④ $\dfrac{5}{4}\left(1\dfrac{1}{4}\right)$ ⑤ $\dfrac{28}{3}\left(9\dfrac{1}{3}\right)$ ⑥ $\dfrac{4}{3}\left(1\dfrac{1}{3}\right)$
⑦ $\dfrac{7}{4}\left(1\dfrac{3}{4}\right)$ ⑧ $\dfrac{9}{2}\left(4\dfrac{1}{2}\right)$ ⑨ 35

 49 整数に分数をかける計算② 練習
▶▶▶ 本冊52ページ

① $\dfrac{22}{5}\left(4\dfrac{2}{5}\right)$ ② $\dfrac{13}{2}\left(6\dfrac{1}{2}\right)$ ③ $\dfrac{4}{3}\left(1\dfrac{1}{3}\right)$
④ $\dfrac{3}{2}\left(1\dfrac{1}{2}\right)$ ⑤ $\dfrac{50}{3}\left(16\dfrac{2}{3}\right)$ ⑥ $\dfrac{44}{3}\left(14\dfrac{2}{3}\right)$
⑦ $\dfrac{26}{3}\left(8\dfrac{2}{3}\right)$ ⑧ $\dfrac{77}{5}\left(15\dfrac{2}{5}\right)$ ⑨ 28

 50 整数に分数をかける計算③ 理解
▶▶▶ 本冊53ページ

① $2\times 1\dfrac{1}{3}=\dfrac{2}{1}\times\dfrac{4}{3}=\dfrac{2\times 4}{1\times 3}=\dfrac{8}{3}=2\dfrac{2}{3}$

② $4\times 1\dfrac{1}{3}=\dfrac{4}{1}\times\dfrac{4}{3}=\dfrac{4\times 4}{1\times 3}=\dfrac{16}{3}=5\dfrac{1}{3}$

③ $6\times 1\dfrac{2}{7}=\dfrac{6}{1}\times\dfrac{9}{7}=\dfrac{6\times 9}{1\times 7}=\dfrac{54}{7}=7\dfrac{5}{7}$

④ $3\times 3\dfrac{1}{2}=\dfrac{3}{1}\times\dfrac{7}{2}=\dfrac{3\times 7}{1\times 2}=\dfrac{21}{2}=10\dfrac{1}{2}$

ポイント
帯分数を仮分数になおして整数にかけます。

51 整数に分数をかける計算③ 練習
▶▶▶ 本冊54ページ

① $\dfrac{9}{2}\left(4\dfrac{1}{2}\right)$ ② $\dfrac{24}{5}\left(4\dfrac{4}{5}\right)$ ③ $\dfrac{90}{7}\left(12\dfrac{6}{7}\right)$
④ $\dfrac{56}{3}\left(18\dfrac{2}{3}\right)$ ⑤ $\dfrac{63}{2}\left(31\dfrac{1}{2}\right)$ ⑥ $\dfrac{10}{3}\left(3\dfrac{1}{3}\right)$
⑦ $\dfrac{63}{8}\left(7\dfrac{7}{8}\right)$ ⑧ $\dfrac{55}{9}\left(6\dfrac{1}{9}\right)$ ⑨ $\dfrac{63}{4}\left(15\dfrac{3}{4}\right)$

9

52 整数に分数をかける計算④ 理解

▶▶ 本冊55ページ

① $2 \times 1\frac{1}{4} = \frac{2}{1} \times \frac{5}{4} = \frac{\overset{1}{2} \times 5}{1 \times \underset{2}{4}} = \frac{5}{2} = 2\frac{1}{2}$

② $6 \times 1\frac{1}{4} = \frac{6}{1} \times \frac{5}{4} = \frac{\overset{3}{6} \times 5}{1 \times \underset{2}{4}} = \frac{15}{2} = 7\frac{1}{2}$

③ $3 \times 1\frac{1}{9} = \frac{3}{1} \times \frac{10}{9} = \frac{\overset{1}{3} \times 10}{1 \times \underset{3}{9}} = \frac{10}{3} = 3\frac{1}{3}$

④ $4 \times 1\frac{3}{8} = \frac{4}{1} \times \frac{11}{8} = \frac{\overset{1}{4} \times 11}{1 \times \underset{2}{8}} = \frac{11}{2} = 5\frac{1}{2}$

ここが ニガテ
答えを求めてから約分することもできますが、とちゅうで約分しておくと計算が簡単になります。

 53 整数に分数をかける計算④ 練習

▶▶ 本冊56ページ

① $\frac{7}{2}\left(3\frac{1}{2}\right)$ ② $\frac{20}{3}\left(6\frac{2}{3}\right)$ ③ $\frac{15}{2}\left(7\frac{1}{2}\right)$

④ $\frac{45}{4}\left(11\frac{1}{4}\right)$ ⑤ $\frac{20}{3}\left(6\frac{2}{3}\right)$ ⑥ $\frac{39}{2}\left(19\frac{1}{2}\right)$

⑦ $\frac{44}{3}\left(14\frac{2}{3}\right)$ ⑧ $\frac{33}{2}\left(16\frac{1}{2}\right)$ ⑨ $\frac{69}{2}\left(34\frac{1}{2}\right)$

54 分数・整数に分数をかける計算のまとめ
暗号ゲーム

▶▶ 本冊57ページ

① $\frac{2}{3} \times \frac{3}{4} = \frac{1}{2}$ ② $\frac{6}{5} \times \frac{1}{2} = \frac{3}{5}$

③ $\frac{6}{7} \times \frac{3}{8} = \frac{9}{28}$ ④ $2\frac{1}{4} \times \frac{8}{15} = \frac{6}{5}$

⑤ $1\frac{1}{9} \times 2\frac{1}{4} = \frac{5}{2}$ ⑥ $4\frac{1}{6} \times 1\frac{3}{5} = \frac{20}{3}$

⑦ $8 \times \frac{4}{5} = \frac{32}{5}$ ⑧ $12 \times 1\frac{1}{8} = \frac{27}{2}$

きょうの おやつは、たいやき！

 55 分数を分数でわる計算① 理解

▶▶ 本冊58ページ

① $\frac{1}{2} \div \frac{3}{5} = \frac{1}{2} \times \frac{5}{3} = \frac{1 \times 5}{2 \times 3} = \frac{5}{6}$

② $\frac{1}{3} \div \frac{3}{5} = \frac{1}{3} \times \frac{5}{3} = \frac{1 \times 5}{3 \times 3} = \frac{5}{9}$

③ $\frac{3}{4} \div \frac{5}{7} = \frac{3}{4} \times \frac{7}{5} = \frac{3 \times 7}{4 \times 5} = \frac{21}{20} = 1\frac{1}{20}$

④ $\frac{6}{5} \div \frac{7}{8} = \frac{6}{5} \times \frac{8}{7} = \frac{6 \times 8}{5 \times 7} = \frac{48}{35} = 1\frac{13}{35}$

⑤ $\frac{5}{7} \div \frac{3}{4} = \frac{5}{7} \times \frac{4}{3} = \frac{5 \times 4}{7 \times 3} = \frac{20}{21}$

⑥ $\frac{9}{8} \div \frac{8}{7} = \frac{9}{8} \times \frac{7}{8} = \frac{9 \times 7}{8 \times 8} = \frac{63}{64}$

ポイント
分数を分数でわる計算は、わる数の分母と分子を入れかえた数をかけます。

 56 分数を分数でわる計算① 練習

▶▶ 本冊59ページ

① $\frac{3}{4}$ ② $\frac{3}{4}$ ③ $\frac{4}{5}$

④ $\frac{25}{18}\left(1\frac{7}{18}\right)$ ⑤ $\frac{27}{28}$ ⑥ $\frac{42}{25}\left(1\frac{17}{25}\right)$

⑦ $\frac{49}{48}\left(1\frac{1}{48}\right)$ ⑧ $\frac{36}{7}\left(5\frac{1}{7}\right)$ ⑨ $\frac{21}{40}$

 57 分数を分数でわる計算① 練習

▶▶ 本冊60ページ

① $\frac{6}{5}\left(1\frac{1}{5}\right)$ ② $\frac{16}{21}$ ③ $\frac{5}{12}$

④ $\frac{21}{16}\left(1\frac{5}{16}\right)$ ⑤ $\frac{25}{12}\left(2\frac{1}{12}\right)$ ⑥ $\frac{50}{63}$

⑦ $\frac{56}{45}\left(1\frac{11}{45}\right)$ ⑧ $\frac{77}{72}\left(1\frac{5}{72}\right)$ ⑨ $\frac{54}{55}$

58 分数を分数でわる計算② 理解
本冊61ページ

① $\dfrac{2}{3} \div \dfrac{4}{5} = \dfrac{2}{3} \times \dfrac{5}{4} = \dfrac{2 \times 5}{3 \times 4} = \dfrac{5}{6}$ （4の下に2、分子2の上に1）

② $\dfrac{4}{7} \div \dfrac{4}{5} = \dfrac{4}{7} \times \dfrac{5}{4} = \dfrac{4 \times 5}{7 \times 4} = \dfrac{5}{7}$ （4の下に1、分子4の上に1）

③ $\dfrac{10}{9} \div \dfrac{5}{3} = \dfrac{10}{9} \times \dfrac{3}{5} = \dfrac{10 \times 3}{9 \times 5} = \dfrac{2}{3}$ （10の上に2、9の下に3、3の上に1、5の下に1）

④ $\dfrac{6}{7} \div \dfrac{9}{14} = \dfrac{6}{7} \times \dfrac{14}{9} = \dfrac{6 \times 14}{7 \times 9} = \dfrac{4}{3} = 1\dfrac{1}{3}$ （6の上に2、7の下に1、14の上に2、9の下に3）

ポイント
計算のとちゅうで約分できるときは、約分します。

ここが
答えを求めてから約分することもできますが、とちゅうで約分しておくと計算が簡単になります。

59 分数を分数でわる計算② 練習
本冊62ページ

① $\dfrac{9}{10}$　② $\dfrac{7}{8}$　③ $\dfrac{5}{4}\left(1\dfrac{1}{4}\right)$

④ $\dfrac{7}{6}\left(1\dfrac{1}{6}\right)$　⑤ $\dfrac{10}{7}\left(1\dfrac{3}{7}\right)$　⑥ $\dfrac{21}{10}\left(2\dfrac{1}{10}\right)$

⑦ $\dfrac{9}{14}$　⑧ $\dfrac{8}{9}$　⑨ $\dfrac{9}{25}$

60 分数を分数でわる計算② 練習
本冊63ページ

① $\dfrac{3}{2}\left(1\dfrac{1}{2}\right)$　② $\dfrac{2}{3}$　③ $\dfrac{4}{3}\left(1\dfrac{1}{3}\right)$

④ $\dfrac{2}{5}$　⑤ $\dfrac{2}{3}$　⑥ $\dfrac{3}{4}$

⑦ $\dfrac{15}{14}\left(1\dfrac{1}{14}\right)$　⑧ $\dfrac{3}{8}$　⑨ $\dfrac{4}{3}\left(1\dfrac{1}{3}\right)$

61 分数を分数でわる計算③ 理解
本冊64ページ

① $1\dfrac{1}{2} \div \dfrac{4}{5} = \dfrac{3}{2} \div \dfrac{4}{5} = \dfrac{3 \times 5}{2 \times 4} = \dfrac{15}{8} = 1\dfrac{7}{8}$

② $1\dfrac{2}{3} \div \dfrac{4}{5} = \dfrac{5}{3} \div \dfrac{4}{5} = \dfrac{5 \times 5}{3 \times 4} = \dfrac{25}{12} = 2\dfrac{1}{12}$

③ $2\dfrac{1}{4} \div \dfrac{2}{3} = \dfrac{9}{4} \div \dfrac{2}{3} = \dfrac{9 \times 3}{4 \times 2} = \dfrac{27}{8} = 3\dfrac{3}{8}$

④ $1\dfrac{2}{7} \div \dfrac{5}{4} = \dfrac{9}{7} \div \dfrac{5}{4} = \dfrac{9 \times 4}{7 \times 5} = \dfrac{36}{35} = 1\dfrac{1}{35}$

⑤ $2\dfrac{1}{3} \div 1\dfrac{2}{7} = \dfrac{7}{3} \div \dfrac{9}{7} = \dfrac{7 \times 7}{3 \times 9} = \dfrac{49}{27} = 1\dfrac{22}{27}$

⑥ $1\dfrac{3}{4} \div 2\dfrac{2}{3} = \dfrac{7}{4} \div \dfrac{8}{3} = \dfrac{7 \times 3}{4 \times 8} = \dfrac{21}{32}$

ポイント
帯分数の混じったわり算は、帯分数を仮分数になおしてから計算します。

62 分数を分数でわる計算③ 練習
本冊65ページ

① $\dfrac{20}{9}\left(2\dfrac{2}{9}\right)$　② $\dfrac{42}{25}\left(1\dfrac{17}{25}\right)$　③ $\dfrac{15}{8}\left(1\dfrac{7}{8}\right)$

④ $\dfrac{55}{16}\left(3\dfrac{7}{16}\right)$　⑤ $\dfrac{48}{35}\left(1\dfrac{13}{35}\right)$　⑥ $\dfrac{15}{8}\left(1\dfrac{7}{8}\right)$

⑦ $\dfrac{35}{12}\left(2\dfrac{11}{12}\right)$　⑧ $\dfrac{44}{27}\left(1\dfrac{17}{27}\right)$　⑨ $\dfrac{33}{16}\left(2\dfrac{1}{16}\right)$

63 分数を分数でわる計算③ 練習
本冊66ページ

① $\dfrac{35}{36}$　② $\dfrac{56}{33}\left(1\dfrac{23}{33}\right)$　③ $\dfrac{63}{22}\left(2\dfrac{19}{22}\right)$

④ $\dfrac{24}{35}$　⑤ $\dfrac{33}{32}\left(1\dfrac{1}{32}\right)$　⑥ $\dfrac{45}{28}\left(1\dfrac{17}{28}\right)$

⑦ $\dfrac{44}{15}\left(2\dfrac{14}{15}\right)$　⑧ $\dfrac{50}{63}$　⑨ $\dfrac{24}{25}$

11

分数を分数でわる計算④ 理解
▶▶▶ 本冊67ページ

① $1\frac{1}{6} \div \frac{2}{3} = \frac{7}{6} \div \frac{2}{3} = \frac{7 \times \overset{1}{\cancel{3}}}{\underset{2}{\cancel{6}} \times 2} = \frac{7}{4} = 1\frac{3}{4}$

② $1\frac{3}{5} \div \frac{2}{3} = \frac{8}{5} \div \frac{2}{3} = \frac{\overset{4}{\cancel{8}} \times 3}{5 \times \underset{1}{\cancel{2}}} = \frac{12}{5} = 2\frac{2}{5}$

③ $\frac{7}{8} \div 1\frac{5}{6} = \frac{7}{8} \div \frac{11}{6} = \frac{7 \times \overset{3}{\cancel{6}}}{\underset{4}{\cancel{8}} \times 11} = \frac{21}{44}$

④ $1\frac{2}{3} \div 1\frac{1}{9} = \frac{5}{3} \div \frac{10}{9} = \frac{\overset{1}{\cancel{5}} \times \overset{3}{\cancel{9}}}{\underset{1}{\cancel{3}} \times \underset{2}{\cancel{10}}} = \frac{3}{2} = 1\frac{1}{2}$

ポイント
計算のとちゅうで約分できるときは，約分します。

ここが
答えを求めてから約分することもできますが，とちゅうで約分しておくと計算が簡単になります。

 分数を分数でわる計算④ 練習
▶▶▶ 本冊68ページ

① $\frac{10}{3}\left(3\frac{1}{3}\right)$ ② $\frac{11}{6}\left(1\frac{5}{6}\right)$ ③ $\frac{13}{8}\left(1\frac{5}{8}\right)$

④ $\frac{12}{7}\left(1\frac{5}{7}\right)$ ⑤ 2 ⑥ $\frac{3}{2}\left(1\frac{1}{2}\right)$

⑦ $\frac{4}{5}$ ⑧ $\frac{4}{3}\left(1\frac{1}{3}\right)$ ⑨ $\frac{2}{3}$

66 分数を分数でわる計算④ 練習
▶▶▶ 本冊69ページ

① $\frac{7}{24}$ ② $\frac{15}{28}$ ③ $\frac{3}{4}$

④ $\frac{5}{12}$ ⑤ $\frac{33}{64}$ ⑥ $\frac{21}{16}\left(1\frac{5}{16}\right)$

⑦ $\frac{5}{8}$ ⑧ $\frac{8}{7}\left(1\frac{1}{7}\right)$ ⑨ $\frac{4}{3}\left(1\frac{1}{3}\right)$

 67 整数を分数でわる計算① 理解
▶▶▶ 本冊70ページ

① $3 \div \frac{2}{3} = 3 \times \frac{3}{2} = \frac{3 \times 3}{2} = \frac{9}{2} = 4\frac{1}{2}$

② $5 \div \frac{2}{3} = 5 \times \frac{3}{2} = \frac{5 \times 3}{2} = \frac{15}{2} = 7\frac{1}{2}$

③ $4 \div \frac{3}{4} = 4 \times \frac{4}{3} = \frac{4 \times 4}{3} = \frac{16}{3} = 5\frac{1}{3}$

④ $6 \div \frac{5}{7} = 6 \times \frac{7}{5} = \frac{6 \times 7}{5} = \frac{42}{5} = 8\frac{2}{5}$

⑤ $2 \div \frac{5}{3} = 2 \times \frac{3}{5} = \frac{2 \times 3}{5} = \frac{6}{5} = 1\frac{1}{5}$

⑥ $9 \div \frac{8}{7} = 9 \times \frac{7}{8} = \frac{9 \times 7}{8} = \frac{63}{8} = 7\frac{7}{8}$

ポイント
整数を分母が1の分数と考えると，分数を分数でわる計算と同じように計算できます。
$\bigcirc \div \frac{\triangle}{\square} = \frac{\bigcirc \times \square}{\triangle}$ としても，計算できます。

ここが
整数を分母にかけてしまうミスが多いです。

 68 整数を分数でわる計算① 練習
▶▶▶ 本冊71ページ

① $\frac{20}{3}\left(6\frac{2}{3}\right)$ ② $\frac{48}{5}\left(9\frac{3}{5}\right)$ ③ $\frac{72}{7}\left(10\frac{2}{7}\right)$

④ $\frac{18}{7}\left(2\frac{4}{7}\right)$ ⑤ $\frac{49}{8}\left(6\frac{1}{8}\right)$ ⑥ $\frac{24}{5}\left(4\frac{4}{5}\right)$

⑦ $\frac{27}{10}\left(2\frac{7}{10}\right)$ ⑧ $\frac{28}{9}\left(3\frac{1}{9}\right)$ ⑨ $\frac{80}{11}\left(7\frac{3}{11}\right)$

69 整数を分数でわる計算① 練習
▶▶▶ 本冊72ページ

① $\frac{81}{8}\left(10\frac{1}{8}\right)$ ② $\frac{56}{5}\left(11\frac{1}{5}\right)$ ③ $\frac{70}{9}\left(7\frac{7}{9}\right)$

④ $\frac{39}{8}\left(4\frac{7}{8}\right)$ ⑤ $\frac{55}{6}\left(9\frac{1}{6}\right)$ ⑥ $\frac{36}{5}\left(7\frac{1}{5}\right)$

⑦ $\frac{50}{7}\left(7\frac{1}{7}\right)$ ⑧ $\frac{28}{9}\left(3\frac{1}{9}\right)$ ⑨ $\frac{28}{13}\left(2\frac{2}{13}\right)$

70 整数を分数でわる計算② 理解

本冊73ページ

① $2 \div \dfrac{4}{5} = 2 \times \dfrac{5}{4} = \dfrac{\overset{1}{2} \times 5}{\underset{2}{4}} = \dfrac{5}{2} = 2\dfrac{1}{2}$

② $6 \div \dfrac{4}{5} = 6 \times \dfrac{5}{4} = \dfrac{\overset{3}{6} \times 5}{\underset{2}{4}} = \dfrac{15}{2} = 7\dfrac{1}{2}$

③ $3 \div \dfrac{6}{7} = 3 \times \dfrac{7}{6} = \dfrac{\overset{1}{3} \times 7}{\underset{2}{6}} = \dfrac{7}{2} = 3\dfrac{1}{2}$

④ $8 \div \dfrac{12}{13} = 8 \times \dfrac{13}{12} = \dfrac{\overset{2}{8} \times 13}{\underset{3}{12}} = \dfrac{26}{3} = 8\dfrac{2}{3}$

ポイント
計算のとちゅうで約分できるときは，約分します。

ここが ニガテ
約分を忘れないようにしましょう。

71 整数を分数でわる計算② 練習

本冊74ページ

① $\dfrac{13}{2} \left(6\dfrac{1}{2}\right)$ ② $\dfrac{20}{3} \left(6\dfrac{2}{3}\right)$ ③ $\dfrac{15}{2} \left(7\dfrac{1}{2}\right)$

④ $\dfrac{10}{3} \left(3\dfrac{1}{3}\right)$ ⑤ $\dfrac{16}{3} \left(5\dfrac{1}{3}\right)$ ⑥ 9

⑦ $\dfrac{11}{2} \left(5\dfrac{1}{2}\right)$ ⑧ $\dfrac{21}{2} \left(10\dfrac{1}{2}\right)$ ⑨ $\dfrac{27}{2} \left(13\dfrac{1}{2}\right)$

72 整数を分数でわる計算② 練習

本冊75ページ

① $\dfrac{15}{2} \left(7\dfrac{1}{2}\right)$ ② $\dfrac{49}{3} \left(16\dfrac{1}{3}\right)$ ③ $\dfrac{39}{2} \left(19\dfrac{1}{2}\right)$

④ $\dfrac{40}{3} \left(13\dfrac{1}{3}\right)$ ⑤ $\dfrac{25}{6} \left(4\dfrac{1}{6}\right)$ ⑥ $\dfrac{28}{3} \left(9\dfrac{1}{3}\right)$

⑦ 24 ⑧ $\dfrac{44}{5} \left(8\dfrac{4}{5}\right)$ ⑨ $\dfrac{48}{5} \left(9\dfrac{3}{5}\right)$

73 整数を分数でわる計算③ 理解

本冊76ページ

① $3 \div 1\dfrac{1}{3} = 3 \div \dfrac{4}{3} = \dfrac{3 \times 3}{4} = \dfrac{9}{4} = 2\dfrac{1}{4}$

② $5 \div 1\dfrac{1}{3} = 5 \div \dfrac{4}{3} = \dfrac{5 \times 3}{4} = \dfrac{15}{4} = 3\dfrac{3}{4}$

③ $2 \div 1\dfrac{3}{4} = 2 \div \dfrac{7}{4} = \dfrac{2 \times 4}{7} = \dfrac{8}{7} = 1\dfrac{1}{7}$

④ $4 \div 1\dfrac{1}{2} = 4 \div \dfrac{3}{2} = \dfrac{4 \times 2}{3} = \dfrac{8}{3} = 2\dfrac{2}{3}$

⑤ $7 \div 2\dfrac{2}{3} = 7 \div \dfrac{8}{3} = \dfrac{7 \times 3}{8} = \dfrac{21}{8} = 2\dfrac{5}{8}$

⑥ $6 \div 3\dfrac{1}{4} = 6 \div \dfrac{13}{4} = \dfrac{6 \times 4}{13} = \dfrac{24}{13} = 1\dfrac{11}{13}$

ここが ニガテ
分母と分子を入れかえるのを忘れたり，整数を分母にかけてしまうミスに気をつけましょう。

74 整数を分数でわる計算③ 練習

本冊77ページ

① $\dfrac{15}{8} \left(1\dfrac{7}{8}\right)$ ② $\dfrac{4}{3} \left(1\dfrac{1}{3}\right)$ ③ $\dfrac{20}{7} \left(2\dfrac{6}{7}\right)$

④ $\dfrac{18}{5} \left(3\dfrac{3}{5}\right)$ ⑤ $\dfrac{63}{10} \left(6\dfrac{3}{10}\right)$ ⑥ $\dfrac{35}{9} \left(3\dfrac{8}{9}\right)$

⑦ $\dfrac{24}{7} \left(3\dfrac{3}{7}\right)$ ⑧ $\dfrac{40}{9} \left(4\dfrac{4}{9}\right)$ ⑨ $\dfrac{22}{7} \left(3\dfrac{1}{7}\right)$

75 整数を分数でわる計算④ 理解

本冊78ページ

① $2 \div 1\dfrac{1}{3} = 2 \div \dfrac{4}{3} = \dfrac{\overset{1}{2} \times 3}{\underset{2}{4}} = \dfrac{3}{2} = 1\dfrac{1}{2}$

② $6 \div 1\dfrac{1}{3} = 6 \div \dfrac{4}{3} = \dfrac{\overset{3}{6} \times 3}{\underset{2}{4}} = \dfrac{9}{2} = 4\dfrac{1}{2}$

③ $3 \div 1\dfrac{4}{5} = 3 \div \dfrac{9}{5} = \dfrac{\overset{1}{3} \times 5}{\underset{3}{9}} = \dfrac{5}{3} = 1\dfrac{2}{3}$

④ $5 \div 1\dfrac{3}{7} = 5 \div \dfrac{10}{7} = \dfrac{\overset{1}{5} \times 7}{\underset{2}{10}} = \dfrac{7}{2} = 3\dfrac{1}{2}$

ポイント
計算のとちゅうで約分できるときは，約分します。

ここが ニガテ
約分し忘れないようにしましょう。

76 整数を分数でわる計算④ 〔練習〕
本冊79ページ

① $\frac{15}{2}\left(7\frac{1}{2}\right)$ ② $\frac{8}{3}\left(2\frac{2}{3}\right)$ ③ $\frac{14}{3}\left(4\frac{2}{3}\right)$

④ $\frac{28}{5}\left(5\frac{3}{5}\right)$ ⑤ $\frac{4}{3}\left(1\frac{1}{3}\right)$ ⑥ $\frac{13}{4}\left(3\frac{1}{4}\right)$

⑦ $\frac{15}{2}\left(7\frac{1}{2}\right)$ ⑧ $\frac{20}{3}\left(6\frac{2}{3}\right)$ ⑨ $\frac{49}{6}\left(8\frac{1}{6}\right)$

77 分数・整数を分数でわる計算のまとめ ジグソーパズル
本冊80ページ

$\frac{5}{6} \div \frac{3}{8} = \frac{20}{9}$ $\frac{6}{7} \div \frac{3}{4} = \frac{8}{7}$ $\frac{3}{2} \div \frac{7}{8} = \frac{12}{7}$

$\frac{10}{9} \div \frac{5}{3} = \frac{2}{3}$ $4 \div \frac{8}{5} = \frac{5}{2}$ $1\frac{2}{7} \div 1\frac{3}{4} = \frac{36}{49}$

$2\frac{2}{3} \div 2\frac{2}{5} = \frac{10}{9}$ $4\frac{1}{2} \div 3\frac{3}{4} = \frac{6}{5}$ $15 \div 2\frac{7}{9} = \frac{27}{5}$

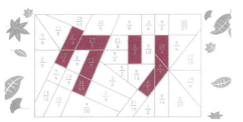

78 3つの数の計算① 〔理解〕
本冊81ページ

① $\frac{1}{6} + \frac{1}{2} - \frac{1}{4} = \frac{2}{12} + \frac{6}{12} - \frac{3}{12} = \frac{5}{12}$

② $\frac{5}{6} + \frac{1}{2} - \frac{3}{4} = \frac{10}{12} + \frac{6}{12} - \frac{9}{12} = \frac{7}{12}$

③ $\frac{2}{3} + \frac{1}{6} + \frac{2}{9} = \frac{12}{18} + \frac{3}{18} + \frac{4}{18} = \frac{19}{18} = 1\frac{1}{18}$

④ $\frac{7}{10} - \frac{2}{5} + \frac{1}{6} = \frac{21}{30} - \frac{12}{30} + \frac{5}{30} = \frac{14}{30} = \frac{7}{15}$

⑤ $3\frac{1}{5} - \frac{1}{2} - \frac{2}{3} = 3\frac{6}{30} - \frac{15}{30} - \frac{20}{30}$
$= 2\frac{36}{30} - \frac{15}{30} - \frac{20}{30} = 2\frac{1}{30}$

ここが ニガテ
左から順に2つの数を通分して計算することもできますが，3つの数を一度に通分すると簡単です。

79 3つの数の計算① 〔練習〕
本冊82ページ

① $\frac{3}{8}$ ② $\frac{3}{20}$ ③ $\frac{19}{12}\left(1\frac{7}{12}\right)$

④ $\frac{13}{30}$ ⑤ $\frac{3}{8}$ ⑥ $\frac{8}{9}$

⑦ $\frac{5}{28}$ ⑧ $\frac{7}{20}$ ⑨ $\frac{29}{36}$

80 3つの数の計算① 〔練習〕
本冊83ページ

① $\frac{7}{15}$ ② $\frac{3}{8}$ ③ $\frac{11}{42}$

④ $\frac{19}{15}\left(1\frac{4}{15}\right)$ ⑤ $\frac{1}{12}$ ⑥ $\frac{9}{20}$

⑦ $\frac{11}{24}$ ⑧ $\frac{20}{7}\left(2\frac{6}{7}\right)$ ⑨ $\frac{14}{15}$

81 3つの数の計算② 〔理解〕
本冊84ページ

① $\frac{3}{2} \times \frac{3}{4} \div \frac{5}{6} = \frac{3 \times 3 \times 6}{2 \times 4 \times 5} = \frac{27}{20} = 1\frac{7}{20}$

② $\frac{4}{5} \div \frac{2}{3} \times \frac{7}{9} = \frac{4 \times 3 \times 7}{5 \times 2 \times 9} = \frac{14}{15}$

③ $\frac{6}{7} \times \frac{3}{2} \div \frac{15}{14} = \frac{6 \times 3 \times 14}{7 \times 2 \times 15} = \frac{6}{5} = 1\frac{1}{5}$

④ $\frac{5}{8} \div \frac{10}{9} \div \frac{27}{32} = \frac{5 \times 9 \times 32}{8 \times 10 \times 27} = \frac{2}{3}$

⑤ $1\frac{1}{4} \times \frac{2}{15} \div \frac{5}{12} = \frac{5 \times 2 \times 12}{4 \times 15 \times 5} = \frac{2}{5}$

⑥ $2\frac{1}{4} \div 6 \div \frac{3}{2} = \frac{9 \times 1 \times 2}{4 \times 6 \times 3} = \frac{1}{4}$

14

> ここが ニガテ
> 左から順に2つの数ずつ計算することもできますが，3つの数を一度に計算すると，約分で簡単に計算できることが多いです。

82 3つの数の計算② 〔練習〕
本冊85ページ

① $\frac{2}{3}$ ② $\frac{9}{4}\left(2\frac{1}{4}\right)$ ③ $\frac{7}{12}$

④ $\frac{9}{7}\left(1\frac{2}{7}\right)$ ⑤ $\frac{4}{3}\left(1\frac{1}{3}\right)$ ⑥ $\frac{3}{2}\left(1\frac{1}{2}\right)$

⑦ $\frac{4}{7}$ ⑧ $\frac{9}{4}\left(2\frac{1}{4}\right)$ ⑨ $\frac{7}{12}$

83 3つの数の計算③ 〔理解〕
本冊86ページ

① $\frac{1}{7}\times\left(\frac{1}{2}+\frac{1}{3}\right)=\frac{1}{7}\times\left(\boxed{\frac{3}{6}}+\boxed{\frac{2}{6}}\right)=\boxed{\frac{1}{7}}\times\boxed{\frac{5}{6}}=\boxed{\frac{5}{42}}$

② $\frac{3}{4}\times\left(\frac{1}{2}+\frac{1}{3}\right)=\frac{3}{4}\times\left(\boxed{\frac{3}{6}}+\boxed{\frac{2}{6}}\right)=\boxed{\frac{3}{4}}\times\boxed{\frac{5}{6}}=\boxed{\frac{5}{8}}$

③ $\left(\frac{3}{2}-\frac{7}{9}\right)\times\frac{6}{5}=\left(\boxed{\frac{27}{18}}-\boxed{\frac{14}{18}}\right)\times\frac{6}{5}=\boxed{\frac{13}{18}}\times\boxed{\frac{6}{5}}=\boxed{\frac{13}{15}}$

④ $\left(\frac{3}{5}+\frac{1}{3}\right)\div\frac{7}{9}=\left(\boxed{\frac{9}{15}}+\boxed{\frac{5}{15}}\right)\div\frac{7}{9}=\boxed{\frac{14}{15}}\times\boxed{\frac{9}{7}}=\boxed{\frac{6}{5}}$

⑤ $1\frac{1}{9}\div\left(\frac{3}{4}-\frac{1}{3}\right)=\boxed{\frac{10}{9}}\div\left(\boxed{\frac{9}{12}}-\boxed{\frac{4}{12}}\right)=\boxed{\frac{10}{9}}\div\boxed{\frac{5}{12}}$

$=\boxed{\frac{10}{9}}\times\boxed{\frac{12}{5}}=\boxed{\frac{8}{3}}$

> ここが ニガテ
> 左から順に計算するミスをしないようにしましょう。（ ）から先に計算します。

84 3つの数の計算③ 〔練習〕
本冊87ページ

① $\frac{2}{5}$ ② $\frac{1}{2}$ ③ $\frac{10}{9}\left(1\frac{1}{9}\right)$

④ $\frac{3}{2}\left(1\frac{1}{2}\right)$ ⑤ $\frac{5}{18}$ ⑥ $\frac{9}{8}\left(1\frac{1}{8}\right)$

⑦ $\frac{5}{16}$ ⑧ $\frac{17}{10}\left(1\frac{7}{10}\right)$ ⑨ $\frac{4}{15}$

85 3つの数の計算③ 〔練習〕
本冊88ページ

① $\frac{3}{7}$ ② $\frac{1}{5}$ ③ $\frac{4}{9}$

④ $\frac{9}{16}$ ⑤ $\frac{14}{15}$ ⑥ $\frac{3}{5}$

⑦ $\frac{5}{6}$ ⑧ $\frac{1}{6}$ ⑨ $\frac{15}{2}\left(7\frac{1}{2}\right)$

86 3つの数の計算④ 〔理解〕
本冊89ページ

① $\frac{1}{2}+\frac{6}{5}\times\frac{2}{3}=\frac{1}{2}+\boxed{\frac{6\times2}{5\times3}}=\frac{1}{2}+\boxed{\frac{4}{5}}=\boxed{\frac{13}{10}}=1\boxed{\frac{3}{10}}$

② $\frac{7}{6}-\frac{6}{5}\times\frac{2}{3}=\frac{7}{6}-\boxed{\frac{6\times2}{5\times3}}=\frac{7}{6}-\boxed{\frac{4}{5}}=\boxed{\frac{11}{30}}$

③ $\frac{2}{3}-\frac{5}{6}\div\frac{20}{9}=\frac{2}{3}-\boxed{\frac{5\times9}{6\times20}}=\frac{2}{3}-\boxed{\frac{3}{8}}=\boxed{\frac{7}{24}}$

④ $\frac{7}{9}\div\frac{8}{3}+\frac{5}{12}=\boxed{\frac{7\times3}{9\times8}}+\frac{5}{12}=\boxed{\frac{7}{24}}+\frac{5}{12}=\boxed{\frac{17}{24}}$

⑤ $\frac{3}{4}\times\frac{14}{27}+1\frac{1}{9}=\boxed{\frac{3\times14}{4\times27}}+1\frac{1}{9}=\boxed{\frac{7}{18}}+1\frac{1}{9}$

$=1\boxed{\frac{9}{18}}=1\boxed{\frac{1}{2}}$

> ポイント
> たし算・ひき算とかけ算・わり算の混じった計算は，かけ算・わり算を先に計算します。
>
> ここが ニガテ
> たし算・ひき算を先に計算しないようにしましょう。

87 3つの数の計算④ 〔練習〕
本冊90ページ

① $\frac{23}{20}\left(1\frac{3}{20}\right)$ ② $\frac{1}{12}$ ③ $\frac{2}{9}$

④ $\frac{41}{32}\left(1\frac{9}{32}\right)$ ⑤ $\frac{17}{18}$ ⑥ $\frac{7}{6}\left(1\frac{1}{6}\right)$

⑦ $\frac{2}{5}$ ⑧ $\frac{5}{4}\left(1\frac{1}{4}\right)$ ⑨ $\frac{37}{15}\left(2\frac{7}{15}\right)$

88 3つの数の計算 ④ 練習
本冊91ページ

① $\dfrac{8}{15}$ ② $\dfrac{4}{3}\left(1\dfrac{1}{3}\right)$ ③ $\dfrac{61}{35}\left(1\dfrac{26}{35}\right)$

④ $\dfrac{11}{42}$ ⑤ $\dfrac{5}{3}\left(1\dfrac{2}{3}\right)$ ⑥ $\dfrac{41}{40}\left(1\dfrac{1}{40}\right)$

⑦ $\dfrac{51}{20}\left(2\dfrac{11}{20}\right)$ ⑧ $\dfrac{3}{8}$ ⑨ $\dfrac{17}{24}$

89 分数と小数の混じった計算 ① 理解
本冊92ページ

① $\dfrac{1}{3}+0.9=\dfrac{1}{3}+\dfrac{9}{10}=\dfrac{10}{30}+\dfrac{27}{30}=\dfrac{37}{30}=1\dfrac{7}{30}$

② $\dfrac{3}{2}-0.9=\dfrac{3}{2}-\dfrac{9}{10}=\dfrac{15}{10}-\dfrac{9}{10}=\dfrac{6}{10}=\dfrac{3}{5}$

③ $0.3+\dfrac{5}{8}=\dfrac{3}{10}+\dfrac{5}{8}=\dfrac{12}{40}+\dfrac{25}{40}=\dfrac{37}{40}$

④ $0.7-\dfrac{1}{4}=\dfrac{7}{10}-\dfrac{1}{4}=\dfrac{14}{20}-\dfrac{5}{20}=\dfrac{9}{20}$

⑤ $\dfrac{1}{6}+0.3=\dfrac{1}{6}+\dfrac{3}{10}=\dfrac{5}{30}+\dfrac{9}{30}=\dfrac{14}{30}=\dfrac{7}{15}$

⑥ $0.7-\dfrac{3}{7}=\dfrac{7}{10}-\dfrac{3}{7}=\dfrac{49}{70}-\dfrac{30}{70}=\dfrac{19}{70}$

ポイント
小数を分数になおして計算します。

 ここが ニガテ
分数は、きちんとした小数になおせないことがあるので、小数を分数になおしましょう。

90 分数と小数の混じった計算 ① 練習
本冊93ページ

① $\dfrac{1}{2}$ ② $\dfrac{19}{30}$ ③ $\dfrac{21}{20}\left(1\dfrac{1}{20}\right)$

④ $\dfrac{37}{60}$ ⑤ $\dfrac{23}{30}$ ⑥ $\dfrac{1}{15}$

⑦ $\dfrac{6}{5}\left(1\dfrac{1}{5}\right)$ ⑧ $\dfrac{14}{45}$ ⑨ $\dfrac{24}{25}$

91 分数と小数の混じった計算 ② 理解
本冊94ページ

① $\dfrac{4}{5}\times 0.3=\dfrac{4}{5}\times\dfrac{3}{10}=\dfrac{6}{25}$

② $\dfrac{6}{7}\div 0.3=\dfrac{6}{7}\div\dfrac{3}{10}=\dfrac{6}{7}\times\dfrac{10}{3}=\dfrac{20}{7}=2\dfrac{6}{7}$

③ $0.7\times\dfrac{4}{5}=\dfrac{7}{10}\times\dfrac{4}{5}=\dfrac{14}{25}$

④ $0.9\div\dfrac{9}{8}=\dfrac{9}{10}\div\dfrac{9}{8}=\dfrac{9}{10}\times\dfrac{8}{9}=\dfrac{4}{5}$

⑤ $\dfrac{3}{2}\times 0.7=\dfrac{3}{2}\times\dfrac{7}{10}=\dfrac{21}{20}=1\dfrac{1}{20}$

⑥ $\dfrac{9}{4}\div 0.9=\dfrac{9}{4}\div\dfrac{9}{10}=\dfrac{9}{4}\times\dfrac{10}{9}=\dfrac{5}{2}=2\dfrac{1}{2}$

ポイント
小数を分数になおして計算します。

92 分数と小数の混じった計算 ② 練習
本冊95ページ

① $\dfrac{3}{4}$ ② $\dfrac{5}{4}\left(1\dfrac{1}{4}\right)$ ③ $\dfrac{1}{4}$

④ $\dfrac{5}{8}$ ⑤ $\dfrac{21}{10}\left(2\dfrac{1}{10}\right)$ ⑥ $\dfrac{25}{24}\left(1\dfrac{1}{24}\right)$

⑦ $\dfrac{3}{4}$ ⑧ $\dfrac{3}{4}$ ⑨ $\dfrac{5}{4}\left(1\dfrac{1}{4}\right)$

93 いろいろな計算のまとめ 暗号ゲーム
本冊96ページ

① $\dfrac{2}{5}+0.3=\dfrac{7}{10}$　② $\dfrac{5}{6}-0.7=\dfrac{2}{15}$

③ $\dfrac{5}{9}\times 0.2=\dfrac{1}{9}$　④ $0.9\div\dfrac{3}{2}=\dfrac{3}{5}$

⑤ $\dfrac{3}{8}\div 1.5=\dfrac{1}{4}$　⑥ $2.1\times\dfrac{4}{3}=\dfrac{14}{5}$

⑦ $\dfrac{7}{8}+\dfrac{1}{2}-\dfrac{5}{6}=\dfrac{13}{24}$　⑧ $\dfrac{4}{9}-\dfrac{1}{6}\div\dfrac{3}{5}=\dfrac{1}{6}$

りんごを、たくさんおくったよ！

〔小学算数　計算問題の正しい解き方ドリル　6年　別冊〕

分母がちがう分数のたし算 ③

▶▶ 答えは別冊2ページ

①,②：1問14点　③〜⑥：1問18点

　　　　　　　　　　　　　　　　　　　　　　点

たし算をしましょう。

① $\dfrac{3}{2} + \dfrac{4}{3} = \dfrac{\Box}{\Box} + \dfrac{\Box}{\Box} = \dfrac{\Box}{\Box} = \Box\dfrac{\Box}{\Box}$ ＊答えは帯分数になおしてもよい

2と3の最小公倍数を考えて通分する

② $\dfrac{5}{3} + \dfrac{5}{2} = \dfrac{\Box}{\Box} + \dfrac{\Box}{\Box} = \dfrac{\Box}{\Box} = \Box\dfrac{\Box}{\Box}$ ＊答えは帯分数になおしてもよい

3と2の最小公倍数を考えて通分する

③ $\dfrac{7}{6} + \dfrac{5}{4} = \dfrac{\Box}{\Box} + \dfrac{\Box}{\Box} = \dfrac{\Box}{\Box} = \Box\dfrac{\Box}{\Box}$ ＊答えは帯分数になおしてもよい

6と4の最小公倍数を考えて通分する

④ $\dfrac{9}{8} + \dfrac{7}{2} = \dfrac{\Box}{\Box} + \dfrac{\Box}{\Box} = \dfrac{\Box}{\Box} = \Box\dfrac{\Box}{\Box}$ ＊答えは帯分数になおしてもよい

8と2の最小公倍数を考えて通分する

⑤ $\dfrac{7}{5} + \dfrac{10}{3} = \dfrac{\Box}{\Box} + \dfrac{\Box}{\Box} = \dfrac{\Box}{\Box} = \Box\dfrac{\Box}{\Box}$ ＊答えは帯分数になおしてもよい

5と3の最小公倍数を考えて通分する

⑥ $\dfrac{9}{4} + \dfrac{11}{10} = \dfrac{\Box}{\Box} + \dfrac{\Box}{\Box} = \dfrac{\Box}{\Box} = \Box\dfrac{\Box}{\Box}$ ＊答えは帯分数になおしてもよい

4と10の最小公倍数を考えて通分する

分母がちがう分数のたし算 ③

▶▶▶ 答えは別冊3ページ

①～④：1問10点　⑤～⑨：1問12点

たし算をしましょう。

① $\dfrac{4}{3} + \dfrac{5}{4}$

② $\dfrac{11}{10} + \dfrac{6}{5}$

③ $\dfrac{8}{7} + \dfrac{5}{2}$

④ $\dfrac{7}{4} + \dfrac{9}{8}$

⑤ $\dfrac{5}{3} + \dfrac{11}{10}$

⑥ $\dfrac{7}{6} + \dfrac{13}{9}$

⑦ $\dfrac{8}{5} + \dfrac{9}{4}$

⑧ $\dfrac{11}{8} + \dfrac{11}{6}$

⑨ $\dfrac{10}{9} + \dfrac{13}{12}$

12 分母がちがう分数のたし算 ④

▶▶▶ 答えは別冊3ページ

①，②：1問14点　③～⑥：1問18点

点数 　　　点

たし算をしましょう。

① $\dfrac{7}{6} + \dfrac{3}{2} = \dfrac{\Box}{\Box} + \dfrac{\Box}{\Box} = \dfrac{\Box}{\Box} = \dfrac{\Box}{\Box} = \Box\dfrac{\Box}{\Box}$　＊答えは帯分数になおしてもよい

　　　6と2の最小公倍数を考えて通分する　　　約分する

② $\dfrac{5}{2} + \dfrac{11}{6} = \dfrac{\Box}{\Box} + \dfrac{\Box}{\Box} = \dfrac{\Box}{\Box} = \dfrac{\Box}{\Box} = \Box\dfrac{\Box}{\Box}$　＊答えは帯分数になおしてもよい

　　　2と6の最小公倍数を考えて通分する　　　約分する

③ $\dfrac{5}{3} + \dfrac{13}{12} = \dfrac{\Box}{\Box} + \dfrac{\Box}{\Box} = \dfrac{\Box}{\Box} = \dfrac{\Box}{\Box} = \Box\dfrac{\Box}{\Box}$　＊答えは帯分数になおしてもよい

　　　3と12の最小公倍数を考えて通分する　　　約分する

④ $\dfrac{16}{15} + \dfrac{8}{5} = \dfrac{\Box}{\Box} + \dfrac{\Box}{\Box} = \dfrac{\Box}{\Box} = \dfrac{\Box}{\Box} = \Box\dfrac{\Box}{\Box}$　＊答えは帯分数になおしてもよい

　　　15と5の最小公倍数を考えて通分する　　　約分する

⑤ $\dfrac{7}{2} + \dfrac{17}{14} = \dfrac{\Box}{\Box} + \dfrac{\Box}{\Box} = \dfrac{\Box}{\Box} = \dfrac{\Box}{\Box} = \Box\dfrac{\Box}{\Box}$　＊答えは帯分数になおしてもよい

　　　2と14の最小公倍数を考えて通分する　　　約分する

⑥ $\dfrac{11}{10} + \dfrac{16}{15} = \dfrac{\Box}{\Box} + \dfrac{\Box}{\Box} = \dfrac{\Box}{\Box} = \dfrac{\Box}{\Box} = \Box\dfrac{\Box}{\Box}$　＊答えは帯分数になおしてもよい

　　　10と15の最小公倍数を考えて通分する　　　約分する

13 分母がちがう分数のたし算 ④

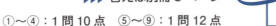

①～④：1問10点　⑤～⑨：1問12点

たし算をしましょう。

① $\dfrac{5}{4} + \dfrac{13}{12}$

② $\dfrac{7}{6} + \dfrac{7}{3}$

③ $\dfrac{13}{10} + \dfrac{5}{2}$

④ $\dfrac{6}{5} + \dfrac{21}{20}$

⑤ $\dfrac{19}{12} + \dfrac{11}{3}$

⑥ $\dfrac{13}{8} + \dfrac{25}{24}$

⑦ $\dfrac{13}{12} + \dfrac{7}{6}$

⑧ $\dfrac{9}{7} + \dfrac{22}{21}$

⑨ $\dfrac{21}{20} + \dfrac{7}{4}$

14 分母がちがう分数のたし算 ⑤

▶▶ 答えは別冊3ページ　点数

①，②：1問20点　③，④：1問30点

たし算をしましょう。

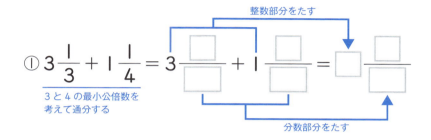

① $3\frac{1}{3} + 1\frac{1}{4}$
3と4の最小公倍数を考えて通分する

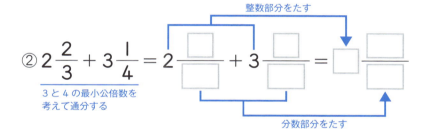

② $2\frac{2}{3} + 3\frac{1}{4}$
3と4の最小公倍数を考えて通分する

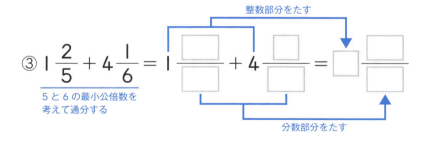

③ $1\frac{2}{5} + 4\frac{1}{6}$
5と6の最小公倍数を考えて通分する

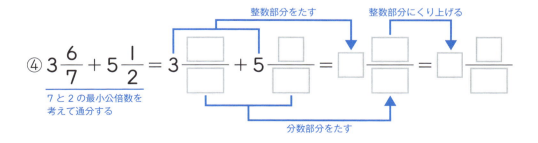

④ $3\frac{6}{7} + 5\frac{1}{2}$
7と2の最小公倍数を考えて通分する

15 分母がちがう分数のたし算 ⑤

▶▶▶ 答えは別冊3ページ

①〜④：1問10点　⑤〜⑨：1問12点

たし算をしましょう。

① $1\dfrac{1}{2} + 2\dfrac{1}{3}$

② $2\dfrac{1}{5} + 2\dfrac{3}{4}$

③ $3\dfrac{2}{3} + 1\dfrac{1}{6}$

④ $2\dfrac{3}{8} + 3\dfrac{1}{2}$

⑤ $4\dfrac{5}{7} + 2\dfrac{3}{4}$

⑥ $1\dfrac{7}{9} + 2\dfrac{5}{6}$

⑦ $2\dfrac{3}{4} + 3\dfrac{9}{10}$

⑧ $3\dfrac{7}{8} + 1\dfrac{11}{12}$

⑨ $4\dfrac{8}{15} + 3\dfrac{5}{9}$

分母がちがう分数のたし算 ⑥

▶▶▶ 答えは別冊3ページ

①, ②：1問20点　③, ④：1問30点

点数　　　点

たし算をしましょう。

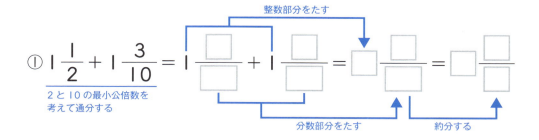

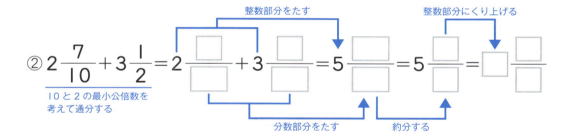

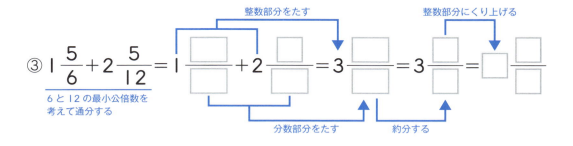

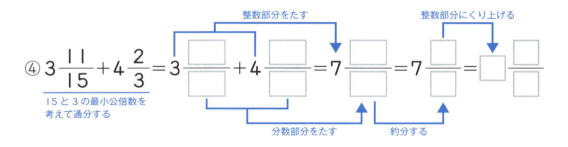

19

17 分母がちがう分数のたし算⑥

▶▶▶ 答えは別冊4ページ

①〜④：1問10点　⑤〜⑨：1問12点

たし算をしましょう。

① $2\dfrac{1}{4} + 3\dfrac{1}{12}$

② $1\dfrac{1}{2} + 2\dfrac{3}{14}$

③ $3\dfrac{2}{5} + 3\dfrac{1}{10}$

④ $1\dfrac{7}{18} + 1\dfrac{4}{9}$

⑤ $2\dfrac{5}{6} + 1\dfrac{2}{3}$

⑥ $3\dfrac{13}{20} + 4\dfrac{3}{4}$

⑦ $2\dfrac{6}{7} + 2\dfrac{25}{28}$

⑧ $5\dfrac{3}{10} + 1\dfrac{19}{20}$

⑨ $2\dfrac{13}{15} + 4\dfrac{5}{6}$

18 分母がちがう分数のひき算 ③

>>> 答えは別冊4ページ

①，②：1問14点　③〜⑥：1問18点

ひき算をしましょう。

① $\dfrac{5}{2} - \dfrac{7}{3} = \dfrac{\Box}{\Box} - \dfrac{\Box}{\Box} = \dfrac{\Box}{\Box}$

2と3の最小公倍数を考えて通分する

② $\dfrac{7}{2} - \dfrac{8}{3} = \dfrac{\Box}{\Box} - \dfrac{\Box}{\Box} = \dfrac{\Box}{\Box}$

2と3の最小公倍数を考えて通分する

③ $\dfrac{8}{5} - \dfrac{5}{4} = \dfrac{\Box}{\Box} - \dfrac{\Box}{\Box} = \dfrac{\Box}{\Box}$

5と4の最小公倍数を考えて通分する

④ $\dfrac{7}{6} - \dfrac{9}{8} = \dfrac{\Box}{\Box} - \dfrac{\Box}{\Box} = \dfrac{\Box}{\Box}$

6と8の最小公倍数を考えて通分する

⑤ $\dfrac{10}{3} - \dfrac{5}{4} = \dfrac{\Box}{\Box} - \dfrac{\Box}{\Box} = \dfrac{\Box}{\Box} = \Box \dfrac{\Box}{\Box}$

＊答えは帯分数になおしてもよい

3と4の最小公倍数を考えて通分する

⑥ $\dfrac{12}{5} - \dfrac{4}{3} = \dfrac{\Box}{\Box} - \dfrac{\Box}{\Box} = \dfrac{\Box}{\Box} = \Box \dfrac{\Box}{\Box}$

＊答えは帯分数になおしてもよい

5と3の最小公倍数を考えて通分する

19 分母がちがう分数のひき算 ③

▶▶ 答えは別冊4ページ

①〜④：1問10点　⑤〜⑨：1問12点

ひき算をしましょう。

① $\dfrac{4}{3} - \dfrac{6}{5}$

② $\dfrac{5}{2} - \dfrac{9}{8}$

③ $\dfrac{7}{4} - \dfrac{8}{5}$

④ $\dfrac{8}{3} - \dfrac{10}{9}$

⑤ $\dfrac{11}{5} - \dfrac{7}{4}$

⑥ $\dfrac{15}{8} - \dfrac{7}{6}$

⑦ $\dfrac{20}{9} - \dfrac{5}{4}$

⑧ $\dfrac{24}{7} - \dfrac{17}{14}$

⑨ $\dfrac{13}{10} - \dfrac{16}{15}$

20 分母がちがう分数のひき算 ④

勉強した日　○月○日

▶▶▶ 答えは別冊4ページ

①，②：1問14点　③〜⑥：1問18点

点数　　　点

ひき算をしましょう。

① $\dfrac{3}{2} - \dfrac{7}{6} = \dfrac{\Box}{\Box} - \dfrac{\Box}{\Box} = \dfrac{\Box}{\Box} = \dfrac{\Box}{\Box}$

2と6の最小公倍数を考えて通分する　　約分する

② $\dfrac{5}{2} - \dfrac{11}{6} = \dfrac{\Box}{\Box} - \dfrac{\Box}{\Box} = \dfrac{\Box}{\Box} = \dfrac{\Box}{\Box}$

2と6の最小公倍数を考えて通分する　　約分する

③ $\dfrac{8}{5} - \dfrac{11}{10} = \dfrac{\Box}{\Box} - \dfrac{\Box}{\Box} = \dfrac{\Box}{\Box} = \dfrac{\Box}{\Box}$

5と10の最小公倍数を考えて通分する　　約分する

④ $\dfrac{13}{4} - \dfrac{17}{12} = \dfrac{\Box}{\Box} - \dfrac{\Box}{\Box} = \dfrac{\Box}{\Box} = \dfrac{\Box}{\Box} = \Box\dfrac{\Box}{\Box}$

4と12の最小公倍数を考えて通分する　　約分する

＊答えは帯分数に
　なおしてもよい

⑤ $\dfrac{11}{6} - \dfrac{13}{10} = \dfrac{\Box}{\Box} - \dfrac{\Box}{\Box} = \dfrac{\Box}{\Box} = \dfrac{\Box}{\Box}$

6と10の最小公倍数を考えて通分する　　約分する

⑥ $\dfrac{8}{3} - \dfrac{17}{12} = \dfrac{\Box}{\Box} - \dfrac{\Box}{\Box} = \dfrac{\Box}{\Box} = \dfrac{\Box}{\Box} = \Box\dfrac{\Box}{\Box}$

3と12の最小公倍数を考えて通分する　　約分する

＊答えは帯分数に
　なおしてもよい

21 分母がちがう分数のひき算 ④

▶▶▶ 答えは別冊4ページ

①〜④：1問10点　⑤〜⑨：1問12点

点

ひき算をしましょう。

① $\dfrac{4}{3} - \dfrac{17}{15}$

② $\dfrac{13}{8} - \dfrac{25}{24}$

③ $\dfrac{15}{7} - \dfrac{23}{14}$

④ $\dfrac{18}{5} - \dfrac{21}{10}$

⑤ $\dfrac{19}{10} - \dfrac{7}{6}$

⑥ $\dfrac{17}{12} - \dfrac{5}{4}$

⑦ $\dfrac{20}{9} - \dfrac{19}{18}$

⑧ $\dfrac{22}{15} - \dfrac{7}{6}$

⑨ $\dfrac{9}{4} - \dfrac{27}{20}$

24

22 分母がちがう分数のひき算 ⑤

▶▶▶ 答えは別冊 4 ページ

①, ②：1問 20点　③, ④：1問 30点

点数　　　　　点

ひき算をしましょう。

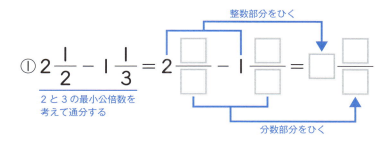

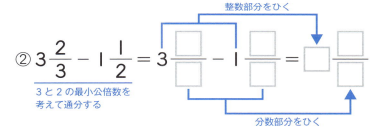

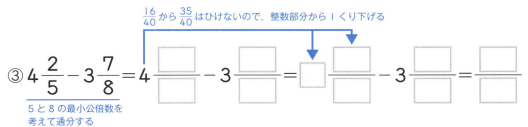

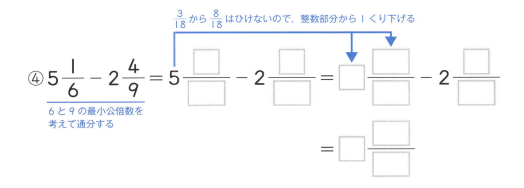

23 分母がちがう分数のひき算 ⑤ 練習

▶▶▶ 答えは別冊5ページ

①～④：1問10点　⑤～⑨：1問12点

ひき算をしましょう。

① $3\dfrac{4}{5} - 1\dfrac{1}{2}$

② $4\dfrac{2}{3} - 3\dfrac{1}{5}$

③ $3\dfrac{7}{9} - 1\dfrac{2}{3}$

④ $2\dfrac{7}{8} - 2\dfrac{1}{6}$

⑤ $5\dfrac{3}{4} - 3\dfrac{7}{8}$

⑥ $4\dfrac{1}{4} - 2\dfrac{2}{3}$

⑦ $5\dfrac{2}{9} - 4\dfrac{5}{6}$

⑧ $6\dfrac{3}{10} - 3\dfrac{3}{4}$

⑨ $5\dfrac{4}{15} - 4\dfrac{7}{9}$

24 分母がちがう分数のひき算 ⑥

▶▶▶ 答えは別冊5ページ

①, ②：1問20点　③, ④：1問30点

点数　　　点

ひき算をしましょう。

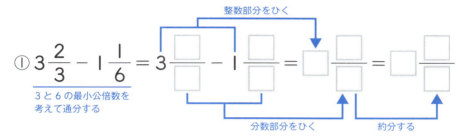

① $3\frac{2}{3} - 1\frac{1}{6}$

3と6の最小公倍数を考えて通分する

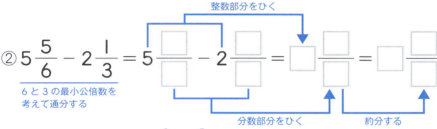

② $5\frac{5}{6} - 2\frac{1}{3}$

6と3の最小公倍数を考えて通分する

③ $4\frac{1}{4} - 1\frac{5}{12}$

4と12の最小公倍数を考えて通分する

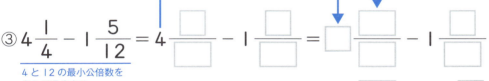

④ $5\frac{4}{15} - 4\frac{2}{3}$

15と3の最小公倍数を考えて通分する

25 分母がちがう分数のひき算 ⑥

▶▶▶ 答えは別冊5ページ

①〜④：1問10点　⑤〜⑨：1問12点

ひき算をしましょう。

① $2\dfrac{3}{4} - 1\dfrac{7}{12}$

② $3\dfrac{4}{5} - 1\dfrac{3}{10}$

③ $4\dfrac{6}{7} - 2\dfrac{5}{14}$

④ $5\dfrac{17}{18} - 3\dfrac{5}{6}$

⑤ $4\dfrac{1}{6} - 2\dfrac{1}{2}$

⑥ $2\dfrac{3}{10} - 1\dfrac{5}{6}$

⑦ $3\dfrac{1}{6} - 1\dfrac{5}{18}$

⑧ $5\dfrac{8}{15} - 3\dfrac{5}{6}$

⑨ $6\dfrac{3}{10} - 2\dfrac{7}{15}$

26 分母がちがう分数のたし算・ひき算のまとめ②
魚つり

▶▶▶ 答えは別冊5ページ

計算をして，式と答えを線でつなぎましょう。
どんな魚がつれるかな。

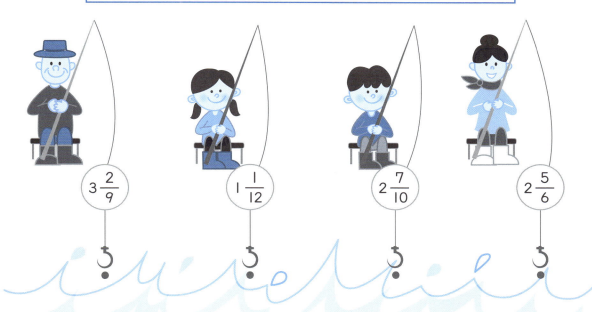

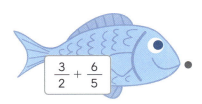

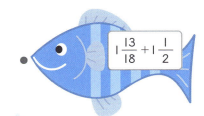

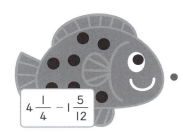

27 分数に整数をかける計算

▶▶▶ 答えは別冊5ページ

1問20点

かけ算をしましょう。

① $\dfrac{2}{7} \times 3 = \dfrac{\square \times \square}{\square} = \dfrac{\square}{\square}$

分母はそのままで，分子に整数（かける数）をかける

② $\dfrac{1}{8} \times 3 = \dfrac{\square \times \square}{\square} = \dfrac{\square}{\square}$

分母はそのままで，分子に整数（かける数）をかける

③ $\dfrac{3}{4} \times 5 = \dfrac{\square \times \square}{\square} = \dfrac{\square}{\square} = \square\dfrac{\square}{\square}$

分母はそのままで，分子に整数（かける数）をかける

＊答えは帯分数になおしてもよい

④ $\dfrac{5}{6} \times 2 = \dfrac{\square \times \square}{\square} = \dfrac{\square}{\square} = \square\dfrac{\square}{\square}$

分母はそのままで，分子に整数（かける数）をかける　とちゅうで約分できるときは約分する

＊答えは帯分数になおしてもよい

⑤ $\dfrac{4}{15} \times 6 = \dfrac{\square \times \square}{\square} = \dfrac{\square}{\square} = \square\dfrac{\square}{\square}$

分母はそのままで，分子に整数（かける数）をかける　とちゅうで約分できるときは約分する

＊答えは帯分数になおしてもよい

28 分数に整数をかける計算

▶▶▶ 答えは別冊6ページ

①〜④：1問10点　⑤〜⑨：1問12点

かけ算をしましょう。

① $\dfrac{1}{6} \times 5$

② $\dfrac{2}{9} \times 4$

③ $\dfrac{4}{7} \times 2$

④ $\dfrac{8}{5} \times 3$

⑤ $\dfrac{2}{9} \times 6$

⑥ $\dfrac{5}{6} \times 4$

⑦ $\dfrac{7}{8} \times 2$

⑧ $\dfrac{3}{10} \times 5$

⑨ $\dfrac{7}{12} \times 8$

29 分数を整数でわる計算

▶▶▶ 答えは別冊6ページ

1問20点

★点数★ 　　　点

わり算をしましょう。

① $\dfrac{4}{5} \div 3 = \dfrac{\Box}{\Box \times \Box} = \dfrac{\Box}{\Box}$

分子はそのままで，分母に整数(わる数)をかける

② $\dfrac{7}{9} \div 3 = \dfrac{\Box}{\Box \times \Box} = \dfrac{\Box}{\Box}$

分子はそのままで，分母に整数(わる数)をかける

③ $\dfrac{5}{7} \div 8 = \dfrac{\Box}{\Box \times \Box} = \dfrac{\Box}{\Box}$

分子はそのままで，分母に整数(わる数)をかける

④ $\dfrac{4}{3} \div 2 = \dfrac{\Box}{\Box \times \Box} = \dfrac{\Box}{\Box}$

分子はそのままで，分母に整数(わる数)をかける　　とちゅうで約分できるときは約分する

⑤ $\dfrac{9}{2} \div 6 = \dfrac{\Box}{\Box \times \Box} = \dfrac{\Box}{\Box}$

分子はそのままで，分母に整数(わる数)をかける　　とちゅうで約分できるときは約分する

30 分数を整数でわる計算

▶▶▶ 答えは別冊6ページ

①～④：1問10点　⑤～⑨：1問12点

点

わり算をしましょう。

① $\dfrac{2}{5} \div 3$

② $\dfrac{3}{8} \div 4$

③ $\dfrac{2}{9} \div 7$

④ $\dfrac{7}{4} \div 5$

⑤ $\dfrac{5}{6} \div 10$

⑥ $\dfrac{6}{7} \div 2$

⑦ $\dfrac{8}{9} \div 4$

⑧ $\dfrac{12}{5} \div 9$

⑨ $\dfrac{9}{4} \div 6$

31 分数計算の部屋

分数に整数をかける・分数を整数でわる計算のまとめ

勉強した日　月　日

▶▶▶ 答えは別冊6ページ

答えが大きいほうに進んで、とれるくだものに○をつけましょう。

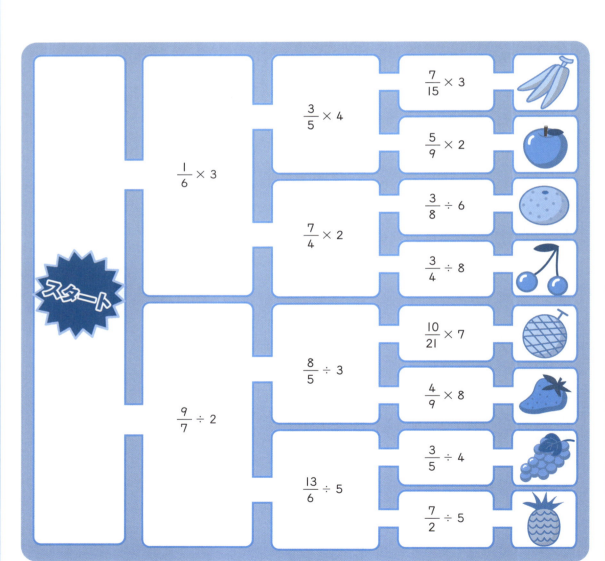

32 分数に分数をかける計算 ①

▶▶▶ 答えは別冊6ページ

①,②：1問14点　③〜⑥：1問18点

かけ算をしましょう。

① $\dfrac{1}{3} \times \dfrac{2}{5} = \dfrac{\Box \times \Box}{\Box \times \Box} = \dfrac{\Box}{\Box}$

分母どうし，分子どうしをかける

② $\dfrac{6}{7} \times \dfrac{2}{5} = \dfrac{\Box \times \Box}{\Box \times \Box} = \dfrac{\Box}{\Box}$

分母どうし，分子どうしをかける

③ $\dfrac{3}{4} \times \dfrac{5}{7} = \dfrac{\Box \times \Box}{\Box \times \Box} = \dfrac{\Box}{\Box}$

分母どうし，分子どうしをかける

④ $\dfrac{10}{9} \times \dfrac{2}{3} = \dfrac{\Box \times \Box}{\Box \times \Box} = \dfrac{\Box}{\Box}$

分母どうし，分子どうしをかける

⑤ $\dfrac{5}{4} \times \dfrac{5}{12} = \dfrac{\Box \times \Box}{\Box \times \Box} = \dfrac{\Box}{\Box}$

分母どうし，分子どうしをかける

⑥ $\dfrac{3}{2} \times \dfrac{9}{8} = \dfrac{\Box \times \Box}{\Box \times \Box} = \dfrac{\Box}{\Box} = \Box\dfrac{\Box}{\Box}$

＊答えは帯分数になおしてもよい

分母どうし，分子どうしをかける

35

33 分数に分数をかける計算 ①

 答えは別冊 7 ページ

①〜④：1問10点　⑤〜⑨：1問12点

点数　　　　点

かけ算をしましょう。

① $\dfrac{1}{2} \times \dfrac{3}{4}$

② $\dfrac{1}{5} \times \dfrac{1}{6}$

③ $\dfrac{4}{7} \times \dfrac{5}{9}$

④ $\dfrac{3}{8} \times \dfrac{3}{5}$

⑤ $\dfrac{7}{9} \times \dfrac{1}{4}$

⑥ $\dfrac{6}{5} \times \dfrac{3}{7}$

⑦ $\dfrac{3}{8} \times \dfrac{5}{2}$

⑧ $\dfrac{7}{3} \times \dfrac{7}{10}$

⑨ $\dfrac{8}{7} \times \dfrac{5}{3}$

34 分数に分数をかける計算 ①

練 習

▶▶▶ 答えは別冊7ページ

①〜④：1問10点　⑤〜⑨：1問12点

点数　　　点

かけ算をしましょう。

① $\dfrac{2}{7} \times \dfrac{1}{3}$

② $\dfrac{1}{8} \times \dfrac{3}{4}$

③ $\dfrac{2}{3} \times \dfrac{4}{5}$

④ $\dfrac{5}{6} \times \dfrac{7}{9}$

⑤ $\dfrac{7}{8} \times \dfrac{3}{8}$

⑥ $\dfrac{3}{2} \times \dfrac{3}{4}$

⑦ $\dfrac{2}{9} \times \dfrac{7}{5}$

⑧ $\dfrac{11}{8} \times \dfrac{5}{3}$

⑨ $\dfrac{7}{6} \times \dfrac{7}{2}$

35 分数に分数をかける計算 ②

▶▶▶ 答えは別冊7ページ

①,②：1問20点　③,④：1問30点

点数　　　　点

かけ算をしましょう。

① $\dfrac{1}{2} \times \dfrac{2}{3} = \dfrac{\square \times \square}{\square \times \square} = \dfrac{\square}{\square}$

分母どうし，分子どうしをかける　　とちゅうで約分できるときは約分する

② $\dfrac{3}{5} \times \dfrac{2}{3} = \dfrac{\square \times \square}{\square \times \square} = \dfrac{\square}{\square}$

分母どうし，分子どうしをかける　　とちゅうで約分できるときは約分する

③ $\dfrac{8}{9} \times \dfrac{3}{4} = \dfrac{\square \times \square}{\square \times \square} = \dfrac{\square}{\square}$

分母どうし，分子どうしをかける　　とちゅうで約分できるときは約分する

④ $\dfrac{6}{5} \times \dfrac{10}{9} = \dfrac{\square \times \square}{\square \times \square} = \dfrac{\square}{\square} = \square\dfrac{\square}{\square}$

＊答えは帯分数になおしてもよい

分母どうし，分子どうしをかける　　とちゅうで約分できるときは約分する

36 分数に分数をかける計算②

▶▶▶ 答えは別冊7ページ

①〜④：1問10点　⑤〜⑨：1問12点

点

かけ算をしましょう。

① $\dfrac{3}{4} \times \dfrac{1}{6}$

② $\dfrac{5}{7} \times \dfrac{7}{9}$

③ $\dfrac{3}{8} \times \dfrac{4}{5}$

④ $\dfrac{6}{7} \times \dfrac{3}{4}$

⑤ $\dfrac{1}{3} \times \dfrac{3}{8}$

⑥ $\dfrac{2}{5} \times \dfrac{3}{4}$

⑦ $\dfrac{4}{9} \times \dfrac{5}{6}$

⑧ $\dfrac{3}{10} \times \dfrac{2}{7}$

⑨ $\dfrac{7}{8} \times \dfrac{4}{5}$

37 分数に分数をかける計算 ②

▶▶▶ 答えは別冊7ページ

①〜④：1問10点　⑤〜⑨：1問12点

点数　　　点

かけ算をしましょう。

① $\dfrac{2}{5} \times \dfrac{5}{6}$

② $\dfrac{8}{9} \times \dfrac{3}{2}$

③ $\dfrac{3}{10} \times \dfrac{8}{3}$

④ $\dfrac{15}{8} \times \dfrac{6}{5}$

⑤ $\dfrac{9}{7} \times \dfrac{14}{9}$

⑥ $\dfrac{4}{3} \times \dfrac{9}{10}$

⑦ $\dfrac{7}{12} \times \dfrac{15}{14}$

⑧ $\dfrac{9}{4} \times \dfrac{8}{3}$

⑨ $\dfrac{12}{11} \times \dfrac{11}{9}$

38 分数に分数をかける計算 ③

理解

▶▶ 答えは別冊7ページ

①, ②：1問14点　③～⑥：1問18点

点数　　点

かけ算をしましょう。

① $1\dfrac{1}{4} \times \dfrac{1}{3} = \dfrac{\Box}{\Box} \times \dfrac{\Box}{\Box} = \dfrac{\Box \times \Box}{\Box \times \Box} = \dfrac{\Box}{\Box}$

　　　仮分数になおす　　　分母どうし，分子どうしをかける

② $2\dfrac{2}{3} \times \dfrac{1}{3} = \dfrac{\Box}{\Box} \times \dfrac{\Box}{\Box} = \dfrac{\Box \times \Box}{\Box \times \Box} = \dfrac{\Box}{\Box}$

　　　仮分数になおす　　　分母どうし，分子どうしをかける

③ $1\dfrac{2}{5} \times \dfrac{3}{4} = \dfrac{\Box}{\Box} \times \dfrac{\Box}{\Box} = \dfrac{\Box \times \Box}{\Box \times \Box} = \dfrac{\Box}{\Box} = \Box\dfrac{\Box}{\Box}$

　　　仮分数になおす　　　分母どうし，分子どうしをかける　　※答えは帯分数になおしてもよい

④ $\dfrac{5}{6} \times 1\dfrac{2}{3} = \dfrac{\Box}{\Box} \times \dfrac{\Box}{\Box} = \dfrac{\Box \times \Box}{\Box \times \Box} = \dfrac{\Box}{\Box} = \Box\dfrac{\Box}{\Box}$

　　　仮分数になおす　　　分母どうし，分子どうしをかける　　※答えは帯分数になおしてもよい

⑤ $3\dfrac{1}{2} \times 1\dfrac{2}{5} = \dfrac{\Box}{\Box} \times \dfrac{\Box}{\Box} = \dfrac{\Box \times \Box}{\Box \times \Box} = \dfrac{\Box}{\Box} = \Box\dfrac{\Box}{\Box}$

　　　仮分数になおす　　　分母どうし，分子どうしをかける　　※答えは帯分数になおしてもよい

⑥ $1\dfrac{1}{6} \times 2\dfrac{3}{4} = \dfrac{\Box}{\Box} \times \dfrac{\Box}{\Box} = \dfrac{\Box \times \Box}{\Box \times \Box} = \dfrac{\Box}{\Box} = \Box\dfrac{\Box}{\Box}$

　　　仮分数になおす　　　分母どうし，分子どうしをかける　　※答えは帯分数になおしてもよい

 分数に分数をかける計算 ③ 練習

▶▶▶ 答えは別冊8ページ

①～④：1問10点　⑤～⑨：1問12点

点数　　　　点

かけ算をしましょう。

① $1\dfrac{1}{3} \times \dfrac{2}{5}$

② $2\dfrac{1}{5} \times \dfrac{1}{6}$

③ $\dfrac{4}{7} \times 1\dfrac{2}{3}$

④ $\dfrac{3}{4} \times 2\dfrac{1}{2}$

⑤ $1\dfrac{3}{5} \times 2\dfrac{1}{3}$

⑥ $2\dfrac{1}{4} \times 1\dfrac{2}{7}$

⑦ $1\dfrac{5}{8} \times 1\dfrac{2}{3}$

⑧ $2\dfrac{3}{4} \times 3\dfrac{1}{2}$

⑨ $1\dfrac{1}{8} \times 1\dfrac{2}{5}$

40 分数に分数をかける計算 ③ 練習

▶▶▶ 答えは別冊8ページ

①〜④：1問10点　⑤〜⑨：1問12点

点

かけ算をしましょう。

① $1\dfrac{1}{6} \times \dfrac{1}{2}$

② $2\dfrac{1}{4} \times \dfrac{3}{7}$

③ $\dfrac{5}{8} \times 2\dfrac{1}{2}$

④ $\dfrac{4}{5} \times 1\dfrac{2}{7}$

⑤ $3\dfrac{1}{2} \times 1\dfrac{2}{3}$

⑥ $1\dfrac{2}{7} \times 1\dfrac{1}{8}$

⑦ $2\dfrac{1}{5} \times 1\dfrac{3}{5}$

⑧ $1\dfrac{3}{4} \times 2\dfrac{1}{3}$

⑨ $1\dfrac{1}{9} \times 2\dfrac{2}{3}$

41 分数に分数をかける計算 ④

▶▶ 答えは別冊8ページ

①, ②：1問20点　③, ④：1問30点

点数　点

かけ算をしましょう。

① $1\dfrac{1}{5} \times \dfrac{2}{3} = \dfrac{\square}{\square} \times \dfrac{\square}{\square} = \dfrac{\square \times \square}{\square \times \square} = \dfrac{\square}{\square}$

仮分数になおす　　　とちゅうで約分できるときは約分する

② $1\dfrac{1}{4} \times \dfrac{2}{3} = \dfrac{\square}{\square} \times \dfrac{\square}{\square} = \dfrac{\square \times \square}{\square \times \square} = \dfrac{\square}{\square}$

仮分数になおす　　　とちゅうで約分できるときは約分する

③ $\dfrac{6}{7} \times 2\dfrac{5}{8} = \dfrac{\square}{\square} \times \dfrac{\square}{\square} = \dfrac{\square \times \square}{\square \times \square} = \dfrac{\square}{\square} = \square\dfrac{\square}{\square}$

仮分数になおす　　　とちゅうで約分できるときは約分する　　　＊答えは帯分数になおしてもよい

④ $2\dfrac{2}{9} \times 1\dfrac{3}{4} = \dfrac{\square}{\square} \times \dfrac{\square}{\square} = \dfrac{\square \times \square}{\square \times \square} = \dfrac{\square}{\square} = \square\dfrac{\square}{\square}$

仮分数になおす　　　とちゅうで約分できるときは約分する　　　＊答えは帯分数になおしてもよい

42 分数に分数をかける計算 ④

▶▶▶ 答えは別冊8ページ

①～④：1問10点　⑤～⑨：1問12点

点数　　　点

かけ算をしましょう。

① $1\dfrac{1}{6} \times \dfrac{5}{7}$

② $2\dfrac{2}{3} \times \dfrac{7}{8}$

③ $4\dfrac{1}{2} \times \dfrac{5}{9}$

④ $3\dfrac{3}{4} \times \dfrac{4}{5}$

⑤ $1\dfrac{1}{3} \times 2\dfrac{1}{2}$

⑥ $1\dfrac{1}{9} \times 1\dfrac{2}{7}$

⑦ $2\dfrac{1}{4} \times 2\dfrac{2}{3}$

⑧ $2\dfrac{2}{5} \times 1\dfrac{7}{8}$

⑨ $3\dfrac{6}{7} \times 4\dfrac{1}{12}$

43 分数に分数をかける計算 ④

▶▶ 答えは別冊8ページ

①〜④：1問10点　⑤〜⑨：1問12点

かけ算をしましょう。

① $\dfrac{3}{5} \times 1\dfrac{1}{4}$

② $\dfrac{7}{9} \times 1\dfrac{1}{8}$

③ $\dfrac{3}{10} \times 2\dfrac{1}{7}$

④ $\dfrac{8}{9} \times 1\dfrac{1}{2}$

⑤ $2\dfrac{1}{4} \times 1\dfrac{5}{7}$

⑥ $1\dfrac{1}{8} \times 2\dfrac{1}{3}$

⑦ $2\dfrac{2}{9} \times 3\dfrac{3}{5}$

⑧ $3\dfrac{4}{7} \times 2\dfrac{1}{10}$

⑨ $2\dfrac{2}{11} \times 1\dfrac{5}{6}$

44 整数に分数をかける計算 ①

理 解

▶▶▶ 答えは別冊8ページ

①, ②：1問14点　③〜⑥：1問18点

点数　　　点

かけ算をしましょう。

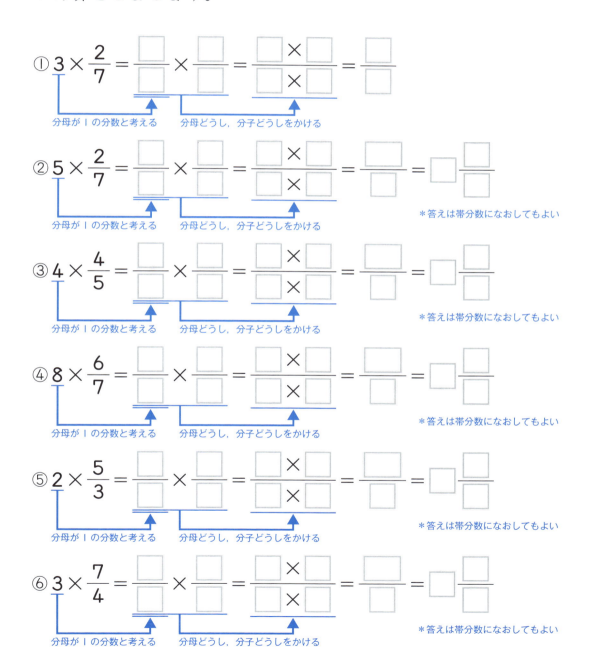

45 整数に分数をかける計算 ①

▶▶▶ 答えは別冊9ページ

①～④：1問10点　⑤～⑨：1問12点

点

かけ算をしましょう。

① $2 \times \dfrac{2}{5}$

② $7 \times \dfrac{3}{4}$

③ $3 \times \dfrac{5}{8}$

④ $4 \times \dfrac{7}{9}$

⑤ $9 \times \dfrac{3}{2}$

⑥ $5 \times \dfrac{7}{6}$

⑦ $8 \times \dfrac{10}{7}$

⑧ $5 \times \dfrac{8}{3}$

⑨ $3 \times \dfrac{13}{10}$

46 整数に分数をかける計算 ①

▶▶▶ 答えは別冊 9 ページ

①～④：1問10点　⑤～⑨：1問12点

かけ算をしましょう。

① $2 \times \dfrac{4}{9}$

② $4 \times \dfrac{3}{5}$

③ $9 \times \dfrac{4}{7}$

④ $8 \times \dfrac{2}{3}$

⑤ $3 \times \dfrac{6}{5}$

⑥ $7 \times \dfrac{11}{9}$

⑦ $5 \times \dfrac{9}{8}$

⑧ $9 \times \dfrac{5}{2}$

⑨ $6 \times \dfrac{7}{5}$

47 整数に分数をかける計算②

▶▶▶ 答えは別冊9ページ

①, ②：1問20点　③, ④：1問30点

点数　　点

かけ算をしましょう。

① $3 \times \dfrac{2}{9} = \dfrac{\square}{\square} \times \dfrac{\square}{\square} = \dfrac{\square \times \square}{\square \times \square} = \dfrac{\square}{\square}$

分母が1の分数と考える　　とちゅうで約分できるときは約分する

② $12 \times \dfrac{2}{9} = \dfrac{\square}{\square} \times \dfrac{\square}{\square} = \dfrac{\square \times \square}{\square \times \square} = \dfrac{\square}{\square} = \square \dfrac{\square}{\square}$

分母が1の分数と考える　　とちゅうで約分できるときは約分する　　＊答えは帯分数になおしてもよい

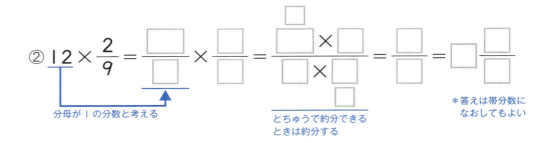

③ $5 \times \dfrac{7}{10} = \dfrac{\square}{\square} \times \dfrac{\square}{\square} = \dfrac{\square \times \square}{\square \times \square} = \dfrac{\square}{\square} = \square \dfrac{\square}{\square}$

分母が1の分数と考える　　とちゅうで約分できるときは約分する　　＊答えは帯分数になおしてもよい

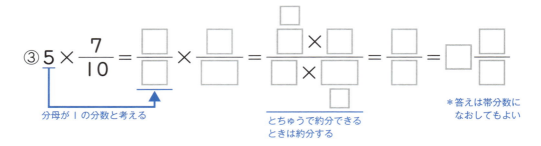

④ $6 \times \dfrac{16}{15} = \dfrac{\square}{\square} \times \dfrac{\square}{\square} = \dfrac{\square \times \square}{\square \times \square} = \dfrac{\square}{\square} = \square \dfrac{\square}{\square}$

分母が1の分数と考える　　とちゅうで約分できるときは約分する　　＊答えは帯分数になおしてもよい

48 整数に分数をかける計算 ②

①〜④：1問10点　⑤〜⑨：1問12点

かけ算をしましょう。

① $2 \times \dfrac{5}{6}$

② $6 \times \dfrac{7}{9}$

③ $5 \times \dfrac{3}{10}$

④ $3 \times \dfrac{5}{12}$

⑤ $8 \times \dfrac{7}{6}$

⑥ $3 \times \dfrac{4}{9}$

⑦ $2 \times \dfrac{7}{8}$

⑧ $4 \times \dfrac{9}{8}$

⑨ $20 \times \dfrac{7}{4}$

49 整数に分数をかける計算 ②

▶▶▶ 答えは別冊 9 ページ

①〜④：1問10点　⑤〜⑨：1問12点

点

かけ算をしましょう。

① $4 \times \dfrac{11}{10}$

② $6 \times \dfrac{13}{12}$

③ $5 \times \dfrac{4}{15}$

④ $7 \times \dfrac{3}{14}$

⑤ $15 \times \dfrac{10}{9}$

⑥ $12 \times \dfrac{11}{9}$

⑦ $10 \times \dfrac{13}{15}$

⑧ $14 \times \dfrac{11}{10}$

⑨ $26 \times \dfrac{14}{13}$

52

50 整数に分数をかける計算 ③

>>> 答えは別冊9ページ

①,②：1問20点　③,④：1問30点

点数　　点

かけ算をしましょう。

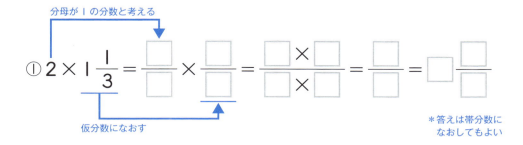

＊答えは帯分数になおしてもよい

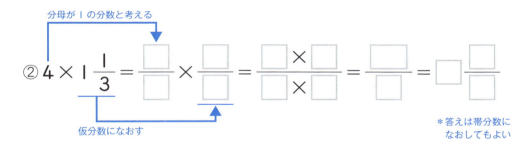

＊答えは帯分数になおしてもよい

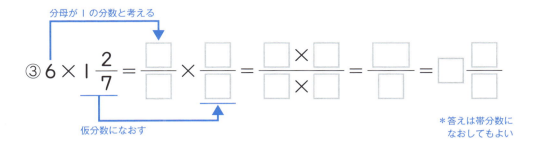

＊答えは帯分数になおしてもよい

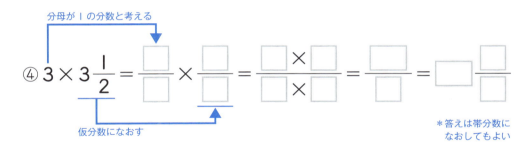

＊答えは帯分数になおしてもよい

53

51 整数に分数をかける計算 ③

▶▶▶ 答えは別冊 9 ページ

①〜④：1問10点　⑤〜⑨：1問12点

点

かけ算をしましょう。

① $3 \times 1\frac{1}{2}$

② $4 \times 1\frac{1}{5}$

③ $9 \times 1\frac{3}{7}$

④ $8 \times 2\frac{1}{3}$

⑤ $7 \times 4\frac{1}{2}$

⑥ $2 \times 1\frac{2}{3}$

⑦ $7 \times 1\frac{1}{8}$

⑧ $5 \times 1\frac{2}{9}$

⑨ $9 \times 1\frac{3}{4}$

52 整数に分数をかける計算 ④

▶▶▶ 答えは別冊10ページ

①，②：1問20点　③，④：1問30点

　点

かけ算をしましょう。

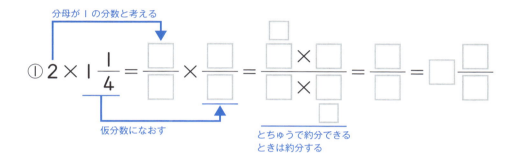

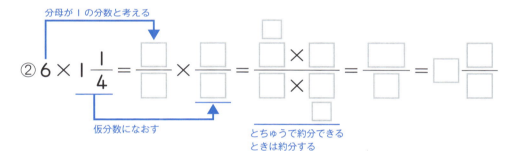

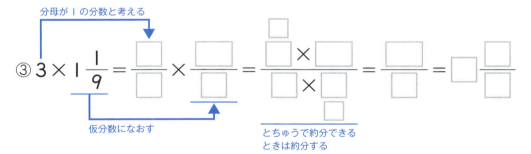

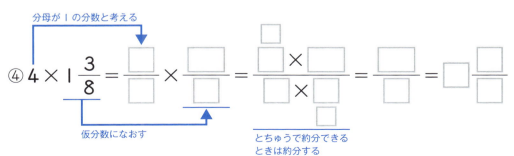

53 整数に分数をかける計算 ④

▶▶▶ 答えは別冊 10 ページ

①〜④：1問 10 点　⑤〜⑨：1問 12 点

点

かけ算をしましょう。

① $3 \times 1\frac{1}{6}$

② $6 \times 1\frac{1}{9}$

③ $7 \times 1\frac{1}{14}$

④ $10 \times 1\frac{1}{8}$

⑤ $3 \times 2\frac{2}{9}$

⑥ $6 \times 3\frac{1}{4}$

⑦ $8 \times 1\frac{5}{6}$

⑧ $12 \times 1\frac{3}{8}$

⑨ $9 \times 3\frac{5}{6}$

54 分数・整数に分数をかける計算のまとめ
暗号ゲーム

答えは別冊10ページ

次の計算をして，答えの文字を書きましょう。

① $\dfrac{2}{3} \times \dfrac{3}{4}$

② $\dfrac{6}{5} \times \dfrac{1}{2}$

③ $\dfrac{6}{7} \times \dfrac{3}{8}$

④ $2\dfrac{1}{4} \times \dfrac{8}{15}$

⑤ $1\dfrac{1}{9} \times 2\dfrac{1}{4}$

⑥ $4\dfrac{1}{6} \times 1\dfrac{3}{5}$

⑦ $8 \times \dfrac{4}{5}$

⑧ $12 \times 1\dfrac{1}{8}$

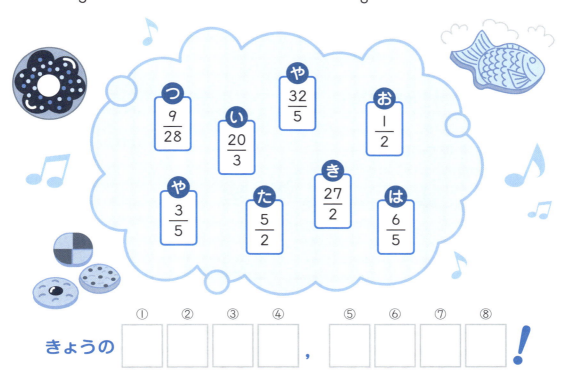

つ $\dfrac{9}{28}$ ／ い $\dfrac{20}{3}$ ／ や $\dfrac{32}{5}$ ／ お $\dfrac{1}{2}$ ／ や $\dfrac{3}{5}$ ／ た $\dfrac{5}{2}$ ／ き $\dfrac{27}{2}$ ／ は $\dfrac{6}{5}$

きょうの ① ② ③ ④ ， ⑤ ⑥ ⑦ ⑧ ！

55 分数を分数でわる計算 ①

▶▶ 答えは別冊10ページ

①，②：1問14点　③〜⑥：1問18点

点数　点

わり算をしましょう。

① $\dfrac{1}{2} \div \dfrac{3}{5} = \dfrac{\square}{\square} \times \dfrac{\square}{\square} = \dfrac{\square \times \square}{\square \times \square} = \dfrac{\square}{\square}$

分母と分子を入れかえた数をかける

② $\dfrac{1}{3} \div \dfrac{3}{5} = \dfrac{\square}{\square} \times \dfrac{\square}{\square} = \dfrac{\square \times \square}{\square \times \square} = \dfrac{\square}{\square}$

分母と分子を入れかえた数をかける

③ $\dfrac{3}{4} \div \dfrac{5}{7} = \dfrac{\square}{\square} \times \dfrac{\square}{\square} = \dfrac{\square \times \square}{\square \times \square} = \dfrac{\square}{\square} = \square\dfrac{\square}{\square}$

分母と分子を入れかえた数をかける

＊答えは帯分数になおしてもよい

④ $\dfrac{6}{5} \div \dfrac{7}{8} = \dfrac{\square}{\square} \times \dfrac{\square}{\square} = \dfrac{\square \times \square}{\square \times \square} = \dfrac{\square}{\square} = \square\dfrac{\square}{\square}$

分母と分子を入れかえた数をかける

＊答えは帯分数になおしてもよい

⑤ $\dfrac{5}{7} \div \dfrac{3}{4} = \dfrac{\square}{\square} \times \dfrac{\square}{\square} = \dfrac{\square \times \square}{\square \times \square} = \dfrac{\square}{\square}$

分母と分子を入れかえた数をかける

⑥ $\dfrac{9}{8} \div \dfrac{8}{7} = \dfrac{\square}{\square} \times \dfrac{\square}{\square} = \dfrac{\square \times \square}{\square \times \square} = \dfrac{\square}{\square}$

分母と分子を入れかえた数をかける

56 分数を分数でわる計算 ①

練習

▶▶▶ 答えは別冊 10 ページ

①〜④：1問 10 点　⑤〜⑨：1問 12 点

点数　　　点

わり算をしましょう。

① $\dfrac{1}{2} \div \dfrac{2}{3}$

② $\dfrac{1}{4} \div \dfrac{1}{3}$

③ $\dfrac{2}{5} \div \dfrac{1}{2}$

④ $\dfrac{5}{6} \div \dfrac{3}{5}$

⑤ $\dfrac{3}{7} \div \dfrac{4}{9}$

⑥ $\dfrac{6}{5} \div \dfrac{5}{7}$

⑦ $\dfrac{7}{8} \div \dfrac{6}{7}$

⑧ $\dfrac{9}{7} \div \dfrac{1}{4}$

⑨ $\dfrac{3}{5} \div \dfrac{8}{7}$

57 分数を分数でわる計算 ①

▶▶▶ 答えは別冊10ページ

①〜④：1問10点　⑤〜⑨：1問12点

わり算をしましょう。

① $\dfrac{3}{5} \div \dfrac{1}{2}$

② $\dfrac{4}{7} \div \dfrac{3}{4}$

③ $\dfrac{1}{6} \div \dfrac{2}{5}$

④ $\dfrac{7}{8} \div \dfrac{2}{3}$

⑤ $\dfrac{5}{4} \div \dfrac{3}{5}$

⑥ $\dfrac{10}{9} \div \dfrac{7}{5}$

⑦ $\dfrac{7}{9} \div \dfrac{5}{8}$

⑧ $\dfrac{11}{8} \div \dfrac{9}{7}$

⑨ $\dfrac{6}{5} \div \dfrac{11}{9}$

58 分数を分数でわる計算 ②

▶▶▶ 答えは別冊 11 ページ

①, ② : 1問20点　③, ④ : 1問30点

点数　　　　点

わり算をしましょう。

① $\dfrac{2}{3} \div \dfrac{4}{5} = \dfrac{\square}{\square} \times \dfrac{\square}{\square} = \dfrac{\square \times \square}{\square \times \square} = \dfrac{\square}{\square}$

　　分母と分子を入れかえた数をかける　　とちゅうで約分できる
　　　　　　　　　　　　　　　　　　　ときは約分する

② $\dfrac{4}{7} \div \dfrac{4}{5} = \dfrac{\square}{\square} \times \dfrac{\square}{\square} = \dfrac{\square \times \square}{\square \times \square} = \dfrac{\square}{\square}$

　　分母と分子を入れかえた数をかける　　とちゅうで約分できる
　　　　　　　　　　　　　　　　　　　ときは約分する

③ $\dfrac{10}{9} \div \dfrac{5}{3} = \dfrac{\square}{\square} \times \dfrac{\square}{\square} = \dfrac{\square \times \square}{\square \times \square} = \dfrac{\square}{\square}$

　　分母と分子を入れかえた数をかける　　とちゅうで約分できる
　　　　　　　　　　　　　　　　　　　ときは約分する

④ $\dfrac{6}{7} \div \dfrac{9}{14} = \dfrac{\square}{\square} \times \dfrac{\square}{\square} = \dfrac{\square \times \square}{\square \times \square} = \dfrac{\square}{\square} = \square\dfrac{\square}{\square}$

　　分母と分子を入れかえた数をかける　　とちゅうで約分できる　　＊答えは帯分数に
　　　　　　　　　　　　　　　　　　　ときは約分する　　　　　なおしてもよい

59 分数を分数でわる計算 ②

▶▶▶ 答えは別冊 11 ページ

①～④：1問10点　⑤～⑨：1問12点

わり算をしましょう。

① $\dfrac{2}{5} \div \dfrac{4}{9}$

② $\dfrac{3}{4} \div \dfrac{6}{7}$

③ $\dfrac{5}{6} \div \dfrac{2}{3}$

④ $\dfrac{7}{8} \div \dfrac{3}{4}$

⑤ $\dfrac{5}{3} \div \dfrac{7}{6}$

⑥ $\dfrac{7}{4} \div \dfrac{5}{6}$

⑦ $\dfrac{3}{8} \div \dfrac{7}{12}$

⑧ $\dfrac{8}{15} \div \dfrac{3}{5}$

⑨ $\dfrac{9}{10} \div \dfrac{5}{2}$

60 分数を分数でわる計算 ②

▶▶▶ 答えは別冊 11 ページ

①～④：1問10点　⑤～⑨：1問12点

点

わり算をしましょう。

① $\dfrac{4}{3} \div \dfrac{8}{9}$

② $\dfrac{5}{7} \div \dfrac{15}{14}$

③ $\dfrac{10}{9} \div \dfrac{5}{6}$

④ $\dfrac{3}{8} \div \dfrac{15}{16}$

⑤ $\dfrac{4}{9} \div \dfrac{2}{3}$

⑥ $\dfrac{7}{10} \div \dfrac{14}{15}$

⑦ $\dfrac{9}{8} \div \dfrac{21}{20}$

⑧ $\dfrac{5}{12} \div \dfrac{10}{9}$

⑨ $\dfrac{22}{21} \div \dfrac{11}{14}$

61 分数を分数でわる計算 ③

▶▶▶ 答えは別冊 11 ページ

①, ②：1問 14点　③〜⑥：1問 18点

点数　点

わり算をしましょう。

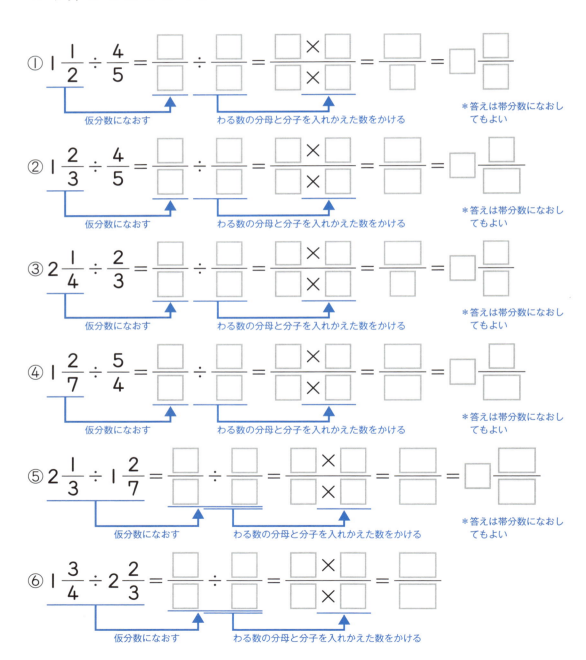

62 分数を分数でわる計算 ③

▶▶▶ 答えは別冊 11 ページ

①〜④：1問 10 点　⑤〜⑨：1問 12 点

点

わり算をしましょう。

① $1\dfrac{1}{3} \div \dfrac{3}{5}$

② $1\dfrac{2}{5} \div \dfrac{5}{6}$

③ $2\dfrac{1}{2} \div \dfrac{4}{3}$

④ $2\dfrac{3}{4} \div \dfrac{4}{5}$

⑤ $1\dfrac{1}{5} \div \dfrac{7}{8}$

⑥ $1\dfrac{1}{4} \div \dfrac{2}{3}$

⑦ $2\dfrac{1}{3} \div \dfrac{4}{5}$

⑧ $1\dfrac{2}{9} \div \dfrac{3}{4}$

⑨ $1\dfrac{3}{8} \div \dfrac{2}{3}$

63 分数を分数でわる計算 ③

>>> 答えは別冊11ページ

①〜④：1問10点　⑤〜⑨：1問12点

わり算をしましょう。

① $1\dfrac{1}{6} \div 1\dfrac{1}{5}$

② $2\dfrac{2}{3} \div 1\dfrac{4}{7}$

③ $3\dfrac{1}{2} \div 1\dfrac{2}{9}$

④ $1\dfrac{3}{5} \div 2\dfrac{1}{3}$

⑤ $1\dfrac{3}{8} \div 1\dfrac{1}{3}$

⑥ $2\dfrac{1}{4} \div 1\dfrac{2}{5}$

⑦ $3\dfrac{2}{3} \div 1\dfrac{1}{4}$

⑧ $1\dfrac{3}{7} \div 1\dfrac{4}{5}$

⑨ $2\dfrac{2}{5} \div 2\dfrac{1}{2}$

64 分数を分数でわる計算 ④

▶▶▶ 答えは別冊 12 ページ

①，②：1問20点　③，④：1問30点

点

わり算をしましょう。

① $1\dfrac{1}{6} \div \dfrac{2}{3} = \dfrac{\square}{\square} \div \dfrac{\square}{\square} = \dfrac{\square \times \square}{\square \times \square} = \dfrac{\square}{\square} = \square \dfrac{\square}{\square}$

仮分数になおす　　とちゅうで約分できる　　*答えは帯分数に
　　　　　　　　　ときは約分する　　　　　なおしてもよい

② $1\dfrac{3}{5} \div \dfrac{2}{3} = \dfrac{\square}{\square} \div \dfrac{\square}{\square} = \dfrac{\square \times \square}{\square \times \square} = \dfrac{\square}{\square} = \square \dfrac{\square}{\square}$

仮分数になおす　　とちゅうで約分できる　　*答えは帯分数に
　　　　　　　　　ときは約分する　　　　　なおしてもよい

③ $\dfrac{7}{8} \div 1\dfrac{5}{6} = \dfrac{\square}{\square} \div \dfrac{\square}{\square} = \dfrac{\square \times \square}{\square \times \square} = \dfrac{\square}{\square}$

仮分数になおす　　とちゅうで約分できる
　　　　　　　　　ときは約分する

④ $1\dfrac{2}{3} \div 1\dfrac{1}{9} = \dfrac{\square}{\square} \div \dfrac{\square}{\square} = \dfrac{\square \times \square}{\square \times \square} = \dfrac{\square}{\square} = \square \dfrac{\square}{\square}$

仮分数になおす　　とちゅうで約分できる　　*答えは帯分数に
　　　　　　　　　ときは約分する　　　　　なおしてもよい

65 分数を分数でわる計算 ④

▶▶▶ 答えは別冊12ページ

①〜④：1問10点　⑤〜⑨：1問12点

点数　　　点

わり算をしましょう。

① $1\dfrac{1}{4} \div \dfrac{3}{8}$

② $1\dfrac{2}{9} \div \dfrac{2}{3}$

③ $1\dfrac{3}{10} \div \dfrac{4}{5}$

④ $1\dfrac{1}{3} \div \dfrac{7}{9}$

⑤ $1\dfrac{1}{2} \div \dfrac{3}{4}$

⑥ $2\dfrac{1}{4} \div 1\dfrac{1}{2}$

⑦ $1\dfrac{2}{3} \div 2\dfrac{1}{12}$

⑧ $1\dfrac{2}{5} \div 1\dfrac{1}{20}$

⑨ $1\dfrac{3}{4} \div 2\dfrac{5}{8}$

66 分数を分数でわる計算 ④

▶▶▶ 答えは別冊12ページ

①～④：1問10点　⑤～⑨：1問12点

わり算をしましょう。

① $\dfrac{3}{8} \div 1\dfrac{2}{7}$

② $\dfrac{5}{6} \div 1\dfrac{5}{9}$

③ $\dfrac{13}{14} \div 1\dfrac{5}{21}$

④ $\dfrac{8}{9} \div 2\dfrac{2}{15}$

⑤ $1\dfrac{1}{10} \div 2\dfrac{2}{15}$

⑥ $2\dfrac{1}{4} \div 1\dfrac{5}{7}$

⑦ $1\dfrac{5}{12} \div 2\dfrac{4}{15}$

⑧ $2\dfrac{2}{9} \div 1\dfrac{17}{18}$

⑨ $3\dfrac{1}{2} \div 2\dfrac{5}{8}$

67 整数を分数でわる計算 ①

勉強した日　　月　　日

▶▶▶ 答えは別冊12ページ

①,②：1問14点　③〜⑥：1問18点

点数　　　点

わり算をしましょう。

① $3 \div \dfrac{2}{3} = \square \times \dfrac{\square}{\square} = \dfrac{\square \times \square}{\square} = \dfrac{\square}{\square} = \square\dfrac{\square}{\square}$

分母と分子を入れかえた数をかける

＊答えは帯分数になおしてもよい

② $5 \div \dfrac{2}{3} = \square \times \dfrac{\square}{\square} = \dfrac{\square \times \square}{\square} = \dfrac{\square}{\square} = \square\dfrac{\square}{\square}$

分母と分子を入れかえた数をかける

＊答えは帯分数になおしてもよい

③ $4 \div \dfrac{3}{4} = \square \times \dfrac{\square}{\square} = \dfrac{\square \times \square}{\square} = \dfrac{\square}{\square} = \square\dfrac{\square}{\square}$

分母と分子を入れかえた数をかける

＊答えは帯分数になおしてもよい

④ $6 \div \dfrac{5}{7} = \square \times \dfrac{\square}{\square} = \dfrac{\square \times \square}{\square} = \dfrac{\square}{\square} = \square\dfrac{\square}{\square}$

分母と分子を入れかえた数をかける

＊答えは帯分数になおしてもよい

⑤ $2 \div \dfrac{5}{3} = \square \times \dfrac{\square}{\square} = \dfrac{\square \times \square}{\square} = \dfrac{\square}{\square} = \square\dfrac{\square}{\square}$

分母と分子を入れかえた数をかける

＊答えは帯分数になおしてもよい

⑥ $9 \div \dfrac{8}{7} = \square \times \dfrac{\square}{\square} = \dfrac{\square \times \square}{\square} = \dfrac{\square}{\square} = \square\dfrac{\square}{\square}$

分母と分子を入れかえた数をかける

＊答えは帯分数になおしてもよい

68 整数を分数でわる計算 ①

▶▶▶ 答えは別冊12ページ

①～④：1問10点　⑤～⑨：1問12点

点数　点

わり算をしましょう。

① $5 \div \dfrac{3}{4}$

② $8 \div \dfrac{5}{6}$

③ $9 \div \dfrac{7}{8}$

④ $2 \div \dfrac{7}{9}$

⑤ $7 \div \dfrac{8}{7}$

⑥ $6 \div \dfrac{5}{4}$

⑦ $3 \div \dfrac{10}{9}$

⑧ $4 \div \dfrac{9}{7}$

⑨ $10 \div \dfrac{11}{8}$

69 整数を分数でわる計算 ①

①～④：1問10点　⑤～⑨：1問12点

わり算をしましょう。

① $9 \div \dfrac{8}{9}$

② $8 \div \dfrac{5}{7}$

③ $7 \div \dfrac{9}{10}$

④ $3 \div \dfrac{8}{13}$

⑤ $5 \div \dfrac{6}{11}$

⑥ $12 \div \dfrac{5}{3}$

⑦ $10 \div \dfrac{7}{5}$

⑧ $2 \div \dfrac{9}{14}$

⑨ $4 \div \dfrac{13}{7}$

整数を分数でわる計算 ②

▶▶▶ 答えは別冊13ページ

①, ②：1問20点　③, ④：1問30点

点数　　　　　点

わり算をしましょう。

① $2 \div \dfrac{4}{5} = \Box \times \dfrac{\Box}{\Box} = \dfrac{\Box \times \Box}{\Box} = \dfrac{\Box}{\Box} = \Box\dfrac{\Box}{\Box}$

　　分母と分子を入れかえた数をかける　　とちゅうで約分できるときは約分する　　＊答えは帯分数になおしてもよい

② $6 \div \dfrac{4}{5} = \Box \times \dfrac{\Box}{\Box} = \dfrac{\Box \times \Box}{\Box} = \dfrac{\Box}{\Box} = \Box\dfrac{\Box}{\Box}$

　　分母と分子を入れかえた数をかける　　とちゅうで約分できるときは約分する　　＊答えは帯分数になおしてもよい

③ $3 \div \dfrac{6}{7} = \Box \times \dfrac{\Box}{\Box} = \dfrac{\Box \times \Box}{\Box} = \dfrac{\Box}{\Box} = \Box\dfrac{\Box}{\Box}$

　　分母と分子を入れかえた数をかける　　とちゅうで約分できるときは約分する　　＊答えは帯分数になおしてもよい

④ $8 \div \dfrac{12}{13} = \Box \times \dfrac{\Box}{\Box} = \dfrac{\Box \times \Box}{\Box} = \dfrac{\Box}{\Box} = \Box\dfrac{\Box}{\Box}$

　　分母と分子を入れかえた数をかける　　とちゅうで約分できるときは約分する　　＊答えは帯分数になおしてもよい

71 整数を分数でわる計算 ②

▶▶▶ 答えは別冊 13 ページ

①〜④：1問10点　⑤〜⑨：1問12点

わり算をしましょう。

① $5 \div \dfrac{10}{13}$

② $6 \div \dfrac{9}{10}$

③ $7 \div \dfrac{14}{15}$

④ $8 \div \dfrac{12}{5}$

⑤ $10 \div \dfrac{15}{8}$

⑥ $12 \div \dfrac{4}{3}$

⑦ $7 \div \dfrac{14}{11}$

⑧ $18 \div \dfrac{12}{7}$

⑨ $24 \div \dfrac{16}{9}$

72 整数を分数でわる計算 ②

▶▶▶ 答えは別冊13ページ

①〜④：1問10点　⑤〜⑨：1問12点

点数　　　点

わり算をしましょう。

① $12 \div \dfrac{8}{5}$

② $21 \div \dfrac{9}{7}$

③ $27 \div \dfrac{18}{13}$

④ $14 \div \dfrac{21}{20}$

⑤ $6 \div \dfrac{36}{25}$

⑥ $18 \div \dfrac{27}{14}$

⑦ $26 \div \dfrac{13}{12}$

⑧ $16 \div \dfrac{20}{11}$

⑨ $20 \div \dfrac{25}{12}$

73 整数を分数でわる計算 ③

>>> 答えは別冊13ページ

①，②：1問14点　③〜⑥：1問18点

わり算をしましょう。

① $3 \div 1\frac{1}{3} = \Box \div \frac{\Box}{\Box} = \frac{\Box \times \Box}{\Box} = \frac{\Box}{\Box} = \Box\frac{\Box}{\Box}$

　仮分数になおす　　わる数の分母と分子を入れかえた数をかける　　＊答えは帯分数になおしてもよい

② $5 \div 1\frac{1}{3} = \Box \div \frac{\Box}{\Box} = \frac{\Box \times \Box}{\Box} = \frac{\Box}{\Box} = \Box\frac{\Box}{\Box}$

　仮分数になおす　　わる数の分母と分子を入れかえた数をかける　　＊答えは帯分数になおしてもよい

③ $2 \div 1\frac{3}{4} = \Box \div \frac{\Box}{\Box} = \frac{\Box \times \Box}{\Box} = \frac{\Box}{\Box} = \Box\frac{\Box}{\Box}$

　仮分数になおす　　わる数の分母と分子を入れかえた数をかける　　＊答えは帯分数になおしてもよい

④ $4 \div 1\frac{1}{2} = \Box \div \frac{\Box}{\Box} = \frac{\Box \times \Box}{\Box} = \frac{\Box}{\Box} = \Box\frac{\Box}{\Box}$

　仮分数になおす　　わる数の分母と分子を入れかえた数をかける　　＊答えは帯分数になおしてもよい

⑤ $7 \div 2\frac{2}{3} = \Box \div \frac{\Box}{\Box} = \frac{\Box \times \Box}{\Box} = \frac{\Box}{\Box} = \Box\frac{\Box}{\Box}$

　仮分数になおす　　わる数の分母と分子を入れかえた数をかける　　＊答えは帯分数になおしてもよい

⑥ $6 \div 3\frac{1}{4} = \Box \div \frac{\Box}{\Box} = \frac{\Box \times \Box}{\Box} = \frac{\Box}{\Box} = \Box\frac{\Box}{\Box}$

　仮分数になおす　　わる数の分母と分子を入れかえた数をかける　　＊答えは帯分数になおしてもよい

74 整数を分数でわる計算 ③

▶▶▶ 答えは別冊 13 ページ

①〜④：1問 10点　⑤〜⑨：1問 12点

点

わり算をしましょう。

① $3 \div 1\frac{3}{5}$

② $2 \div 1\frac{1}{2}$

③ $5 \div 1\frac{3}{4}$

④ $6 \div 1\frac{2}{3}$

⑤ $9 \div 1\frac{3}{7}$

⑥ $7 \div 1\frac{4}{5}$

⑦ $8 \div 2\frac{1}{3}$

⑧ $10 \div 2\frac{1}{4}$

⑨ $11 \div 3\frac{1}{2}$

75 整数を分数でわる計算 ④

▶▶▶ 答えは別冊13ページ

①, ②：1問20点　③, ④：1問30点

わり算をしましょう。

① $2 \div 1\dfrac{1}{3} = \Box \div \dfrac{\Box}{\Box} = \dfrac{\Box \times \Box}{\Box} = \dfrac{\Box}{\Box} = \Box\dfrac{\Box}{\Box}$

　　　　　仮分数になおす　　とちゅうで約分できる　　　　＊答えは帯分数に
　　　　　　　　　　　　　ときは約分する　　　　　　　なおしてもよい

② $6 \div 1\dfrac{1}{3} = \Box \div \dfrac{\Box}{\Box} = \dfrac{\Box \times \Box}{\Box} = \dfrac{\Box}{\Box} = \Box\dfrac{\Box}{\Box}$

　　　　　仮分数になおす　　とちゅうで約分できる　　　　＊答えは帯分数に
　　　　　　　　　　　　　ときは約分する　　　　　　　なおしてもよい

③ $3 \div 1\dfrac{4}{5} = \Box \div \dfrac{\Box}{\Box} = \dfrac{\Box \times \Box}{\Box} = \dfrac{\Box}{\Box} = \Box\dfrac{\Box}{\Box}$

　　　　　仮分数になおす　　とちゅうで約分できる　　　　＊答えは帯分数に
　　　　　　　　　　　　　ときは約分する　　　　　　　なおしてもよい

④ $5 \div 1\dfrac{3}{7} = \Box \div \dfrac{\Box}{\Box} = \dfrac{\Box \times \Box}{\Box} = \dfrac{\Box}{\Box} = \Box\dfrac{\Box}{\Box}$

　　　　　仮分数になおす　　とちゅうで約分できる　　　　＊答えは帯分数に
　　　　　　　　　　　　　ときは約分する　　　　　　　なおしてもよい

76 整数を分数でわる計算 ④ 練習

▶▶ 答えは別冊14ページ

①〜④：1問10点　⑤〜⑨：1問12点

わり算をしましょう。

① $9 \div 1\frac{1}{5}$

② $5 \div 1\frac{7}{8}$

③ $6 \div 1\frac{2}{7}$

④ $8 \div 1\frac{3}{7}$

⑤ $3 \div 2\frac{1}{4}$

⑥ $7 \div 2\frac{2}{13}$

⑦ $12 \div 1\frac{3}{5}$

⑧ $15 \div 2\frac{1}{4}$

⑨ $21 \div 2\frac{4}{7}$

77 ジグソーパズル

分数・整数を分数でわる計算のまとめ

勉強した日　月　日

▶▶▶ 答えは別冊14ページ

次の計算をして、答えと同じところに色をぬりましょう。
どんなことばが出てくるかな。

$\frac{5}{6} \div \frac{3}{8}$　　　$\frac{6}{7} \div \frac{3}{4}$　　　$\frac{3}{2} \div \frac{7}{8}$

$\frac{10}{9} \div \frac{5}{3}$　　　$4 \div \frac{8}{5}$　　　$1\frac{2}{7} \div 1\frac{3}{4}$

$2\frac{2}{3} \div 2\frac{2}{5}$　　　$4\frac{1}{2} \div 3\frac{3}{4}$　　　$15 \div 2\frac{7}{9}$

ヒントは秋の味覚だよ！

78 3つの数の計算 ①

勉強した日　　月　　日

理解

▶▶▶ 答えは別冊14ページ

1問20点

点

計算をしましょう。

① $\dfrac{1}{6} + \dfrac{1}{2} - \dfrac{1}{4} = \dfrac{□}{□} + \dfrac{□}{□} - \dfrac{□}{□} = \dfrac{□}{□}$

　　6, 2, 4の最小公倍数を考えて通分する

② $\dfrac{5}{6} + \dfrac{1}{2} - \dfrac{3}{4} = \dfrac{□}{□} + \dfrac{□}{□} - \dfrac{□}{□} = \dfrac{□}{□}$

　　6, 2, 4の最小公倍数を考えて通分する

③ $\dfrac{2}{3} + \dfrac{1}{6} + \dfrac{2}{9} = \dfrac{□}{□} + \dfrac{□}{□} + \dfrac{□}{□} = \dfrac{□}{□} = □\dfrac{□}{□}$

　　3, 6, 9の最小公倍数を考えて通分する

＊答えは帯分数に
　なおしてもよい

④ $\dfrac{7}{10} - \dfrac{2}{5} + \dfrac{1}{6} = \dfrac{□}{□} - \dfrac{□}{□} + \dfrac{□}{□} = \dfrac{□}{□} = \dfrac{□}{□}$

　　10, 5, 6の最小公倍数を考えて通分する　　約分する

⑤ $3\dfrac{1}{5} - \dfrac{1}{2} - \dfrac{2}{3} = □\dfrac{□}{□} - \dfrac{□}{□} - \dfrac{□}{□}$

　　5, 2, 3の最小公倍数を考えて通分する

$= □\dfrac{□}{□} - \dfrac{□}{□} - \dfrac{□}{□} = □\dfrac{□}{□}$

整数部分から1くり下げる

79 3つの数の計算 ①

▶▶▶ 答えは別冊14ページ

①～④：1問10点　⑤～⑨：1問12点

計算をしましょう。

① $\dfrac{3}{4} + \dfrac{1}{2} - \dfrac{7}{8}$

② $\dfrac{4}{5} - \dfrac{3}{4} + \dfrac{1}{10}$

③ $\dfrac{1}{2} + \dfrac{1}{3} + \dfrac{3}{4}$

④ $\dfrac{7}{6} - \dfrac{3}{5} - \dfrac{2}{15}$

⑤ $\dfrac{5}{8} + \dfrac{1}{3} - \dfrac{7}{12}$

⑥ $1\dfrac{2}{9} - \dfrac{5}{6} + \dfrac{1}{2}$

⑦ $1\dfrac{1}{7} + \dfrac{1}{4} - 1\dfrac{3}{14}$

⑧ $1\dfrac{3}{5} - 1\dfrac{1}{2} + \dfrac{1}{4}$

⑨ $2\dfrac{5}{6} - 1\dfrac{4}{9} - \dfrac{7}{12}$

80 3つの数の計算 ①

▶▶▶ 答えは別冊14ページ

①〜④：1問10点　⑤〜⑨：1問12点

点数　　　点

計算をしましょう。

① $\dfrac{1}{3} + \dfrac{2}{5} - \dfrac{4}{15}$

② $\dfrac{7}{8} - \dfrac{2}{3} + \dfrac{1}{6}$

③ $\dfrac{5}{7} + \dfrac{10}{21} - \dfrac{13}{14}$

④ $1\dfrac{5}{6} - \dfrac{3}{10} - \dfrac{4}{15}$

⑤ $\dfrac{8}{9} + \dfrac{1}{4} - 1\dfrac{1}{18}$

⑥ $1\dfrac{1}{6} - \dfrac{4}{5} + \dfrac{1}{12}$

⑦ $\dfrac{3}{4} + \dfrac{5}{6} - 1\dfrac{1}{8}$

⑧ $1\dfrac{2}{7} + 1\dfrac{1}{2} + \dfrac{1}{14}$

⑨ $3\dfrac{1}{2} - 1\dfrac{1}{6} - 1\dfrac{2}{5}$

3つの数の計算 ②

▶▶▶ 答えは別冊 14 ページ

①，②：1問 14 点　③〜⑥：1問 18 点

 点

計算をしましょう。

① $\dfrac{3}{2} \times \dfrac{3}{4} \div \dfrac{5}{6} = \dfrac{\Box \times \Box \times \Box}{\Box \times \Box \times \Box} = \dfrac{\Box}{\Box} = \Box \dfrac{\Box}{\Box}$

約分する

＊答えは帯分数になおしてもよい

分母と分子を入れかえた数をかける

② $\dfrac{4}{5} \div \dfrac{2}{3} \times \dfrac{7}{9} = \dfrac{\Box \times \Box \times \Box}{\Box \times \Box \times \Box} = \dfrac{\Box}{\Box}$

約分する

分母と分子を入れかえた数をかける

③ $\dfrac{6}{7} \times \dfrac{3}{2} \div \dfrac{15}{14} = \dfrac{\Box \times \Box \times \Box}{\Box \times \Box \times \Box} = \dfrac{\Box}{\Box} = \Box \dfrac{\Box}{\Box}$

約分する

＊答えは帯分数になおしてもよい

分母と分子を入れかえた数をかける

④ $\dfrac{5}{8} \div \dfrac{10}{9} \div \dfrac{27}{32} = \dfrac{\Box \times \Box \times \Box}{\Box \times \Box \times \Box} = \dfrac{\Box}{\Box}$

約分する

分母と分子を入れかえた数をかける

⑤ $1\dfrac{1}{4} \times \dfrac{2}{15} \div \dfrac{5}{12} = \dfrac{\Box \times \Box \times \Box}{\Box \times \Box \times \Box} = \dfrac{\Box}{\Box}$

約分する

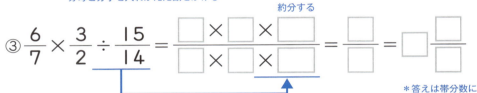

帯分数を仮分数になおす　　分母と分子を入れかえた数をかける

⑥ $2\dfrac{1}{4} \div 6 \div \dfrac{3}{2} = \dfrac{\Box \times \Box \times \Box}{\Box \times \Box \times \Box} = \dfrac{\Box}{\Box}$

約分する

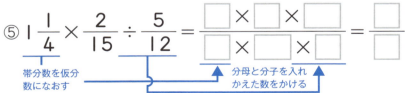

帯分数を仮分数になおす

分母と分子を入れかえた数をかける

82 3つの数の計算 ②

▶▶▶ 答えは別冊15ページ

①〜④：1問10点　⑤〜⑨：1問12点

計算をしましょう。

① $\dfrac{5}{6} \times \dfrac{7}{10} \div \dfrac{7}{8}$

② $\dfrac{4}{3} \div \dfrac{5}{9} \times \dfrac{15}{16}$

③ $\dfrac{3}{8} \times \dfrac{7}{6} \div \dfrac{3}{4}$

④ $\dfrac{10}{9} \div \dfrac{25}{27} \div \dfrac{14}{15}$

⑤ $1\dfrac{1}{2} \times \dfrac{7}{12} \div \dfrac{21}{32}$

⑥ $2\dfrac{3}{5} \div \dfrac{39}{40} \times \dfrac{9}{16}$

⑦ $1\dfrac{3}{4} \div 2\dfrac{5}{8} \div 1\dfrac{1}{6}$

⑧ $3\dfrac{1}{3} \times \dfrac{18}{25} \div 1\dfrac{1}{15}$

⑨ $2\dfrac{2}{9} \div 5 \times 1\dfrac{5}{16}$

83 3つの数の計算 ③

▶▶▶ 答えは別冊 15 ページ

1問 20 点

計算をしましょう。

① $\dfrac{1}{7} \times \left(\dfrac{1}{2} + \dfrac{1}{3}\right) = \dfrac{1}{7} \times \left(\dfrac{\square}{\square} + \dfrac{\square}{\square}\right) = \dfrac{1}{\square} \times \dfrac{\square}{\square} = \dfrac{\square}{\square}$

先に通分して計算する　　約分する

② $\dfrac{3}{4} \times \left(\dfrac{1}{2} + \dfrac{1}{3}\right) = \dfrac{3}{4} \times \left(\dfrac{\square}{\square} + \dfrac{\square}{\square}\right) = \dfrac{\square}{\square} \times \dfrac{\square}{\square} = \dfrac{\square}{\square}$

先に通分して計算する　　約分する

③ $\left(\dfrac{3}{2} - \dfrac{7}{9}\right) \times \dfrac{6}{5} = \left(\dfrac{\square}{\square} - \dfrac{\square}{\square}\right) \times \dfrac{6}{5} = \dfrac{\square}{\square} \times \dfrac{6}{5} = \dfrac{\square}{\square}$

先に通分して計算する　　約分する

④ $\left(\dfrac{3}{5} + \dfrac{1}{3}\right) \div \dfrac{7}{9} = \left(\dfrac{\square}{\square} + \dfrac{\square}{\square}\right) \div \dfrac{7}{9} = \dfrac{\square}{\square} \times \dfrac{\square}{\square} = \dfrac{\square}{\square}$

先に通分して計算する　　約分する
分母と分子を入れかえた数をかける

＊答えは帯分数になおしてもよい

⑤ $1\dfrac{1}{9} \div \left(\dfrac{3}{4} - \dfrac{1}{3}\right) = \dfrac{\square}{9} \div \left(\dfrac{\square}{\square} - \dfrac{\square}{\square}\right) = \dfrac{\square}{\square} \div \dfrac{\square}{\square}$

仮分数になおす　　先に通分して計算する

約分する

$= \dfrac{\square}{\square} \times \dfrac{\square}{\square} = \dfrac{\square}{\square}$

分母と分子を入れかえた数をかける　　＊答えは帯分数になおしてもよい

84 3つの数の計算 ③

▶▶▶ 答えは別冊15ページ ★点数★

①〜④：1問10点　⑤〜⑨：1問12点

点

計算をしましょう。

① $\left(\dfrac{1}{4} + \dfrac{1}{2}\right) \times \dfrac{8}{15}$

② $\dfrac{6}{7} \times \left(\dfrac{3}{4} - \dfrac{1}{6}\right)$

③ $\left(\dfrac{3}{5} + \dfrac{1}{3}\right) \div \dfrac{21}{25}$

④ $\dfrac{11}{16} \div \left(\dfrac{7}{8} - \dfrac{5}{12}\right)$

⑤ $\left(\dfrac{3}{5} - \dfrac{1}{3}\right) \times \dfrac{25}{24}$

⑥ $\dfrac{15}{14} \times \left(\dfrac{3}{4} + \dfrac{3}{10}\right)$

⑦ $\left(\dfrac{5}{6} - \dfrac{3}{8}\right) \div 1\dfrac{7}{15}$

⑧ $1\dfrac{4}{5} \times \left(\dfrac{1}{2} + \dfrac{4}{9}\right)$

⑨ $\left(\dfrac{7}{10} - \dfrac{1}{4}\right) \div 1\dfrac{11}{16}$

3つの数の計算 ③

▶▶▶ 答えは別冊15ページ

①〜④：1問10点　⑤〜⑨：1問12点

点

計算をしましょう。

① $\dfrac{4}{9} \times \left(\dfrac{5}{7} + \dfrac{1}{4} \right)$

② $\left(\dfrac{5}{6} - \dfrac{8}{15} \right) \times \dfrac{2}{3}$

③ $\dfrac{6}{15} \div \left(\dfrac{1}{2} + \dfrac{2}{5} \right)$

④ $\left(\dfrac{5}{4} - \dfrac{9}{10} \right) \div \dfrac{28}{45}$

⑤ $\dfrac{49}{36} \times \left(\dfrac{2}{5} + \dfrac{2}{7} \right)$

⑥ $\left(\dfrac{5}{6} - \dfrac{4}{9} \right) \div \dfrac{35}{54}$

⑦ $1\dfrac{4}{21} \times \left(\dfrac{8}{15} + \dfrac{1}{6} \right)$

⑧ $\left(\dfrac{11}{12} - \dfrac{3}{5} \right) \div 1\dfrac{9}{10}$

⑨ $3\dfrac{3}{8} \div \left(\dfrac{7}{10} - \dfrac{1}{4} \right)$

86 3つの数の計算 ④

▶▶▶ 答えは別冊15ページ

1問20点

点数　　　点

計算をしましょう。

① $\dfrac{1}{2} + \dfrac{6}{5} \times \dfrac{2}{3}$ = $\dfrac{1}{2} + \dfrac{\square \times \square}{\square \times \square}$ = $\dfrac{1}{2} + \dfrac{\square}{\square}$ = $\dfrac{\square}{\square}$ = $\square\dfrac{\square}{\square}$

　　　先に計算する　　　　　約分する　　　通分して計算する　　＊答えは帯分数になおしてもよい

② $\dfrac{7}{6} - \dfrac{6}{5} \times \dfrac{2}{3}$ = $\dfrac{7}{6} - \dfrac{\square \times \square}{\square \times \square}$ = $\dfrac{7}{6} - \dfrac{\square}{\square}$ = $\dfrac{\square}{\square}$

　　　先に計算する　　　　　約分する　　　通分して計算する

③ $\dfrac{2}{3} - \dfrac{5}{6} \div \dfrac{20}{9}$ = $\dfrac{2}{3} - \dfrac{\square \times \square}{\square \times \square}$ = $\dfrac{2}{3} - \dfrac{\square}{\square}$ = $\dfrac{\square}{\square}$

　　　先に計算する　　　　　約分する　　　通分して計算する

④ $\dfrac{7}{9} \div \dfrac{8}{3} + \dfrac{5}{12}$ = $\dfrac{\square \times \square}{\square \times \square} + \dfrac{5}{12}$ = $\dfrac{\square}{\square} + \dfrac{5}{12}$ = $\dfrac{\square}{\square}$

　　先に計算する　　　　　約分する　　　　通分して計算する

⑤ $\dfrac{3}{4} \times \dfrac{14}{27} + 1\dfrac{1}{9}$ = $\dfrac{\square \times \square}{\square \times \square} + 1\dfrac{1}{9}$ = $\dfrac{\square}{\square} + 1\dfrac{1}{9}$

　　先に計算する　　　　　約分する　　　　通分して計算する

= $\square\dfrac{\square}{\square}$ = $\square\dfrac{\square}{\square}$

約分する

87 3つの数の計算 ④

▶▶▶ 答えは別冊15ページ

①〜④：1問10点　⑤〜⑨：1問12点

計算をしましょう。

① $\dfrac{2}{5} + \dfrac{9}{10} \times \dfrac{5}{6}$

② $\dfrac{3}{4} - \dfrac{7}{8} \div \dfrac{21}{16}$

③ $\dfrac{8}{15} \times \dfrac{25}{24} - \dfrac{1}{3}$

④ $\dfrac{7}{12} \div \dfrac{8}{9} + \dfrac{5}{8}$

⑤ $\dfrac{7}{6} - \dfrac{5}{12} \times \dfrac{8}{15}$

⑥ $\dfrac{13}{9} - \dfrac{2}{3} \div \dfrac{12}{5}$

⑦ $\dfrac{3}{8} \times \dfrac{6}{15} + \dfrac{1}{4}$

⑧ $2\dfrac{1}{2} - \dfrac{7}{9} \div \dfrac{28}{45}$

⑨ $1\dfrac{3}{10} + \dfrac{5}{4} \div \dfrac{15}{14}$

88 3つの数の計算 ④

①〜④：1問10点　⑤〜⑨：1問12点

計算をしましょう。

① $\dfrac{5}{4} \div \dfrac{25}{24} - \dfrac{2}{3}$

② $\dfrac{1}{6} + \dfrac{13}{9} \times \dfrac{21}{26}$

③ $\dfrac{8}{7} + \dfrac{27}{20} \div \dfrac{9}{4}$

④ $\dfrac{35}{39} \times \dfrac{26}{49} - \dfrac{3}{14}$

⑤ $1\dfrac{1}{3} \times \dfrac{9}{8} + \dfrac{1}{6}$

⑥ $1\dfrac{2}{5} - \dfrac{2}{3} \div \dfrac{16}{9}$

⑦ $2\dfrac{1}{4} \times 1\dfrac{1}{15} + \dfrac{3}{20}$

⑧ $\dfrac{13}{7} \div 1\dfrac{5}{21} - 1\dfrac{1}{8}$

⑨ $3\dfrac{1}{3} \times \dfrac{9}{16} - 1\dfrac{1}{6}$

89 分数と小数の混じった計算 ①

▶▶▶ 答えは別冊16ページ

①，②：1問14点　③〜⑥：1問18点

点数　点

計算をしましょう。

① $\dfrac{1}{3} + 0.9 = \dfrac{\square}{\square} + \dfrac{\square}{\square} = \dfrac{\square}{\square} + \dfrac{\square}{\square} = \dfrac{\square}{\square} = \square\dfrac{\square}{\square}$

　　分数になおす　　通分して計算する　　*答えは帯分数になおしてもよい

② $\dfrac{3}{2} - 0.9 = \dfrac{\square}{\square} - \dfrac{\square}{\square} = \dfrac{\square}{\square} - \dfrac{\square}{\square} = \dfrac{\square}{\square} = \dfrac{\square}{\square}$

　　分数になおす　　通分して計算する　　約分する

③ $0.3 + \dfrac{5}{8} = \dfrac{\square}{\square} + \dfrac{\square}{\square} = \dfrac{\square}{\square} + \dfrac{\square}{\square} = \dfrac{\square}{\square}$

　分数になおす　　通分して計算する

④ $0.7 - \dfrac{1}{4} = \dfrac{\square}{\square} - \dfrac{\square}{\square} = \dfrac{\square}{\square} - \dfrac{\square}{\square} = \dfrac{\square}{\square}$

　分数になおす　　通分して計算する

⑤ $\dfrac{1}{6} + 0.3 = \dfrac{\square}{\square} + \dfrac{\square}{\square} = \dfrac{\square}{\square} + \dfrac{\square}{\square} = \dfrac{\square}{\square} = \dfrac{\square}{\square}$

　　分数になおす　　通分して計算する　　約分する

⑥ $0.7 - \dfrac{3}{7} = \dfrac{\square}{\square} - \dfrac{\square}{\square} = \dfrac{\square}{\square} - \dfrac{\square}{\square} = \dfrac{\square}{\square}$

　分数になおす　　通分して計算する

90 分数と小数の混じった計算 ①

>>> 答えは別冊 16 ページ

①〜④：1問 10 点　⑤〜⑨：1問 12 点

点数　　　点

計算をしましょう。

① $\dfrac{1}{5} + 0.3$

② $\dfrac{4}{3} - 0.7$

③ $0.9 + \dfrac{3}{20}$

④ $1.2 - \dfrac{7}{12}$

⑤ $\dfrac{2}{3} + 0.1$

⑥ $0.6 - \dfrac{8}{15}$

⑦ $\dfrac{4}{5} + 0.4$

⑧ $\dfrac{10}{9} - 0.8$

⑨ $1.4 - \dfrac{11}{25}$

91 分数と小数の混じった計算 ②

▶▶▶ 答えは別冊16ページ

①，②：1問14点　③〜⑥：1問18点

点数　　点

計算をしましょう。

① $\dfrac{4}{5} \times 0.3 = \dfrac{\square}{\square} \times \dfrac{\square}{\square} = \dfrac{\square}{\square}$

（0.3を分数になおす／約分する）

② $\dfrac{6}{7} \div 0.3 = \dfrac{\square}{\square} \div \dfrac{\square}{\square} = \dfrac{\square}{\square} \times \dfrac{\square}{\square} = \dfrac{\square}{\square} = \square\dfrac{\square}{\square}$

（0.3を分数になおす／分母と分子を入れかえた数をかける／＊答えは帯分数になおしてもよい）

③ $0.7 \times \dfrac{4}{5} = \dfrac{\square}{\square} \times \dfrac{\square}{\square} = \dfrac{\square}{\square}$

（0.7を分数になおす／約分する）

④ $0.9 \div \dfrac{9}{8} = \dfrac{\square}{\square} \div \dfrac{\square}{\square} = \dfrac{\square}{\square} \times \dfrac{\square}{\square} = \dfrac{\square}{\square}$

（0.9を分数になおす／分母と分子を入れかえた数をかける／約分する）

⑤ $\dfrac{3}{2} \times 0.7 = \dfrac{\square}{\square} \times \dfrac{\square}{\square} = \dfrac{\square}{\square} = \square\dfrac{\square}{\square}$

（0.7を分数になおす／＊答えは帯分数になおしてもよい）

⑥ $\dfrac{9}{4} \div 0.9 = \dfrac{\square}{\square} \div \dfrac{\square}{\square} = \dfrac{\square}{\square} \times \dfrac{\square}{\square} = \dfrac{\square}{\square} = \square\dfrac{\square}{\square}$

（0.9を分数になおす／分母と分子を入れかえた数をかける／約分する／＊答えは帯分数になおしてもよい）

92 分数と小数の混じった計算 ②

▶▶▶ 答えは別冊16ページ

①～④：1問10点　⑤～⑨：1問12点

計算をしましょう。

① $\dfrac{5}{6} \times 0.9$

② $\dfrac{3}{8} \div 0.3$

③ $0.7 \times \dfrac{5}{14}$

④ $0.3 \div \dfrac{12}{25}$

⑤ $\dfrac{7}{6} \times 1.8$

⑥ $\dfrac{5}{12} \div 0.4$

⑦ $1.3 \times \dfrac{15}{26}$

⑧ $2.7 \div \dfrac{18}{5}$

⑨ $\dfrac{25}{18} \times 0.9$

93 いろいろな計算のまとめ
暗号ゲーム

勉強した日　月　日

▶▶▶ 答えは別冊16ページ

下の計算の答えの文字を書いて，手紙を完成させましょう。

① $\dfrac{2}{5} + 0.3$

② $\dfrac{5}{6} - 0.7$

③ $\dfrac{5}{9} \times 0.2$

④ $0.9 \div \dfrac{3}{2}$

⑤ $\dfrac{3}{8} \div 1.5$

⑥ $2.1 \times \dfrac{4}{3}$

⑦ $\dfrac{7}{8} + \dfrac{1}{2} - \dfrac{5}{6}$

⑧ $\dfrac{4}{9} - \dfrac{1}{6} \div \dfrac{3}{5}$

よ	り	た	お	ご	っ	く	ん
$\dfrac{1}{6}$	$\dfrac{7}{10}$	$\dfrac{13}{24}$	$\dfrac{3}{5}$	$\dfrac{1}{9}$	$\dfrac{14}{5}$	$\dfrac{1}{4}$	$\dfrac{2}{15}$

① ② ③ を，

④ ⑤ ⑥ ⑦ ⑧ ！

たくさん